ローマ字・かな対応

JN248899

本書では、ローマ字入力で解説を行っています。ローマ字入力が
わからなくなったときは、こちらの対応表を参考にしてください。

※Microsoft IME の代表的な入力方法です。

あ行	あ	い	う	え	お
	A	I	U	E	O
	ぁ	ぃ	ぅ	ぇ	ぉ
	LA	LI	LU	LE	LO
	うぁ	うぃ		うぇ	うぉ
	WHA	WHI		WHE	WHO

か行	か	き	く	け	こ
	KA	KI	KU	KE	KO
	が	ぎ	ぐ	げ	ご
	GA	GI	GU	GE	GO
	きゃ	きぃ	きゅ	きぇ	きょ
	KYA	KYI	KYU	KYE	KYO
	ぎゃ	ぎぃ	ぎゅ	ぎぇ	ぎょ
	GYA	GYI	GYU	GYE	GYO

さ行	さ	し	す	せ	そ
	SA	SI	SU	SE	SO
	ざ	じ	ず	ぜ	ぞ
	ZA	ZI	ZU	ZE	ZO
	しゃ	しぃ	しゅ	しぇ	しょ
	SYA	SYI	SYU	SYE	SYO
	じゃ	じぃ	じゅ	じぇ	じょ
	JYA	JYI	JYU	JYE	JYO

た行	た	ち	つ	て	と
	TA	TI	TU	TE	TO
	だ	ぢ	づ	で	ど
	DA	DI	DU	DE	DO
	てゃ	てぃ	てゅ	てぇ	てょ
	THA	THI	THU	THE	THO
	でゃ	でぃ	でゅ	でぇ	でょ
	DHA	DHI	DHU	DHE	DHO
	ちゃ	ちぃ	ちゅ	ちぇ	ちょ
	TYA	TYI	TYU	TYE	TYO
	ぢゃ	ぢぃ	ぢゅ	ぢぇ	ぢょ
	DYA	DYI	DYU	DYE	DYO
			っ		
			LTU		

な行	な	に	ぬ	ね	の
	NA	NI	NU	NE	NO
	にゃ	にぃ	にゅ	にぇ	にょ
	NYA	NYI	NYU	NYE	NYO

は行	は	ひ	ふ	へ	ほ
	HA	HI	HU	HE	HO
	ば	び	ぶ	べ	ぼ
	BA	BI	BU	BE	BO
	ぱ	ぴ	ぷ	ぺ	ぽ
	PA	PI	PU	PE	PO
	ひゃ	ひぃ	ひゅ	ひぇ	ひょ
	HYA	HYI	HYU	HYE	HYO
	びゃ	びぃ	びゅ	びぇ	びょ
	BYA	BYI	BYU	BYE	BYO
	ぴゃ	ぴぃ	ぴゅ	ぴぇ	ぴょ
	PYA	PYI	PYU	PYE	PYO
	ふぁ	ふぃ		ふぇ	ふぉ
	FA	FI		FE	FO

ま行	ま	み	む	め	も
	MA	MI	MU	ME	MO
	みゃ	みぃ	みゅ	みぇ	みょ
	MYA	MYI	MYU	MYE	MYO

や行	や		ゆ		よ
	YA		YU		YO
	ゃ		ゅ		ょ
	LYA		LYU		LYO

ら行	ら	り	る	れ	ろ
	RA	RI	RU	RE	RO
	りゃ	りぃ	りゅ	りぇ	りょ
	RYA	RYI	RYU	RYE	RYO

わ行	わ		を		ん
	WA		WO		NN

おすすめショートカットキー

ショートカットキーとは、そのキーを押すことで、マウスを動かすことなくパソコンの操作を行うことのできるキーです。覚えておくと操作が早くなるので便利です。「⊞ + ↑」と書いてある場合は、⊞キーを押したままの状態で、↑キーを押します。

デスクトップ画面で使えるショートカットキー

⊞　スタートメニュー（スタート画面）の表示・非表示を切り替えます。

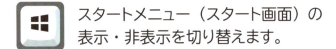 デスクトップ画面のウィンドウを最大化します。

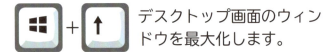 デスクトップ画面のウィンドウを最小化します。

 パソコンの画面を拡大します。

⊞ + － パソコンの画面を縮小します。

⊞ + D デスクトップ画面の表示・非表示を切り替えます。

⊞ + I 設定画面を表示します。（ウィンドウズ8以降）

⊞ + Q 検索画面を表示します。（ウィンドウズ8以降）

 デスクトップ画面で使っているウィンドウを切り替えます。

Alt + F4　ウィンドウを閉じます。

多くのアプリケーションで共通に使えるショートカットキー

 選択したものをコピーします。

 選択したものを切り取ります。

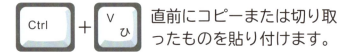 直前にコピーまたは切り取ったものを貼り付けます。

 ファイルを上書き保存します。

 印刷画面を表示します。

 直前に行った操作を取り消します。

大きな字でわかりやすい Windows 10 インターネット入門

松下孝太郎：著

技術評論社

本書の使い方

本書の各セクションでは、手順の番号を追うだけで、パソコンの各機能やインターネットの使い方がわかるようになっています。

このセクションで使用する基本操作の参照先を示しています

小さくて見えにくい部分は、➡を使って拡大して表示しています

操作の補足説明を示しています

ドラッグする部分は、⋯▶で示しています

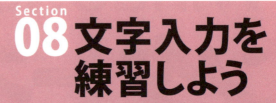

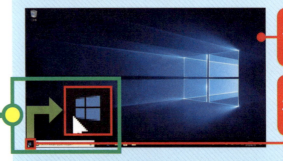

操作のヒントも書いてあるから
よく読んでね

上から順に読んでいくと、操作ができるようになっています。解説を一切省略していないので、迷うことがありません！

基本操作を赤字で示しています

操作の補足や参考情報として、コラム（ Column 、 解説 、 練習 ）を掲載しています

CONTENTS 目次

大きな字でわかりやすい
Windows 10　インターネット入門

本書の使い方 …………………………………………… 2

第1章　パソコンの基本を覚えよう　　　10

Section 01　パソコンの各部の名称と役割を覚えよう…12

02　マウスを持ってみよう …………………… 14

03　マウスを動かしてみよう ………………… 16

04　キーボードのキーを確認しよう ………… 20

05　パソコンを動かしてみよう ……………… 22

06　ウィンドウズの画面と名称を覚えよう…24

07　文字入力のしくみを知ろう ……………… 26

08　文字入力を練習しよう …………………… 30

09　パソコンを終了しよう …………………… 36

第2章　ブラウザーの使い方を覚えよう　38

Section 10　ブラウザーを起動しよう …………………… 40

11　ブラウザーの画面と名称を覚えよう……42

12　インターネットのページを表示しよう…44

13　元のページに戻ろう…………………… 46

14　隠れている部分を表示しよう………… 48

15　別のページに移動しよう……………… 50

16　ブラウザーを終了しよう……………… 52

第3章　インターネットを楽しもう　54

Section 17　インターネットで情報を検索しよう……56

18　複雑な条件で検索しよう……………… 58

19　インターネットでニュースを見よう……62

20　地図を表示しよう……………………… 64

21　近くのお店を調べよう………………… 68

22　目的地までの経路を表示しよう……… 70

5

CONTENTS 目次

23 電車の乗り換えを確認しよう ……… 72

24 電車の時刻表を調べよう ……… 76

25 天気予報を調べよう ……… 78

26 テレビの番組表を見よう ……… 80

27 わからない言葉を辞書で調べよう …… 84

28 インターネットで動画を見よう ……… 88

29 動画の音量を調節しよう ……… 92

30 インターネットでラジオを聴こう ……… 94

31 無料のゲームを楽しもう ……… 96

32 無料のメールアドレスを取得しよう …… 98

33 メールを作成して送信しよう ……… 102

34 受信したメールを読もう ……… 106

35 メールに返信しよう ……… 108

36 メールで写真を送ろう ……… 110

第4章　フェイスブックを楽しもう　　114

Section 37　フェイスブックとは……………………………116

38　フェイスブックに登録しよう………………………118

39　フェイスブックにログインしよう…………………122

40　友達を探して友達申請しよう………………………124

41　友達にメッセージを送ろう…………………………126

42　タイムラインを切り替えよう………………………128

43　投稿に「いいね!」しよう……………………………130

44　投稿にコメントを書き込もう………………………132

45　自分の近況を投稿しよう……………………………134

46　写真付きで投稿しよう………………………………136

47　安全に使うための設定をしよう……………………138

CONTENTS 目次

第5章　インターネットをもっと便利に使おう　140

Section　48　お気に入りに登録しよう ……………… 142

49　お気に入りからページを表示しよう‥ 144

50　お気に入りを削除しよう ……………… 146

51　よく利用するページを表示しよう …… 148

52　ページを拡大／縮小表示しよう……… 150

53　ページを新しいタブに表示しよう …… 152

54　タブを追加しよう／閉じよう ………… 154

55　インターネットのページを印刷しよう… 156

第6章　インターネットのトラブルを未然に防ごう　158

Section　56　インターネットに繋がらないときは… 160

57　ダウンロードができないときは……… 161

58　ダウンロードしたファイルはどこにある？… 162

59　個人情報の取り扱いには注意しよう… 163

60　インターネットでの買い物は安全？… 164

61　詐欺サイトや架空請求に注意しよう… 165

62 ウィルスメールに気を付けよう………166

63 迷惑メールを何とかしたい……………167

64 パスワードを忘れてしまったときは…168

索引……………………………………………174

ご注意：ご購入・ご利用の前に必ずお読みください

- 本書は、OSとしてWindows 10を対象にしています。
- 本書に記載された内容は、情報の提供のみを目的としています。したがって、本書を用いた運用は、必ずお客様自身の責任と判断によって行ってください。これらの情報の運用の結果について、技術評論社および著者はいかなる責任も負いません。
- ソフトウェアに関する記述は、特に断りのない限り、2018年7月現在での最新バージョンをもとにしています。ソフトウェアはバージョンアップされる場合があり、本書での説明とは機能内容や画面図などが異なってしまうこともあり得ます。あらかじめご了承ください。
- インターネットのサービスに関する記述も、特に断りのない限り、2018年7月現在での最新バージョンをもとにしています。各種サービスの画面や内容は予告なく変更される場合があり、本書での説明とは機能内容や画面図などが異なってしまうこともあり得ます。あらかじめご了承ください。
- インターネットの情報については、アドレス（URL）が変更されている可能性があります。ご注意ください。
- 本書の内容については、以下のOSおよびブラウザーに基づいて操作の説明を行っています。これ以外のOSおよびブラウザーでは、手順や画面が異なるため、本書では対応していません。あらかじめご了承ください。
  - ・Windows 10 Pro
  - ・Microsoft Edge 42

以上の注意事項をご承諾いただいた上で、本書をご利用願います。これらの注意事項をお読みいただかずにお問い合わせいただいても、著者および技術評論社は対応しかねます。あらかじめご承知おきください。

■本書に掲載した会社名、プログラム名、システム名などは、米国およびその他の国における登録商標または商標です。本文中では™マーク、®マークは明記していません。

第1章

パソコンの基本を覚えよう

パソコンを使ってインターネットやメールを楽しむには、基本操作をきちんと覚えておく必要があります。この章では、パソコンの基本の中から、マウスやキーボードの使い方、文字の入力方法、パソコンを起動したり終了したりする方法を解説します。

Section 01	パソコンの各部の名称と役割を覚えよう	12
Section 02	マウスを持ってみよう	14
Section 03	マウスを動かしてみよう	16
Section 04	キーボードのキーを確認しよう	20
Section 05	パソコンを動かしてみよう	22
Section 06	ウィンドウズの画面と名称を覚えよう	24
Section 07	文字入力のしくみを知ろう	26
Section 08	文字入力を練習しよう	30
Section 09	パソコンを終了しよう	36

この章でできるようになること

パソコンを起動・終了できます！

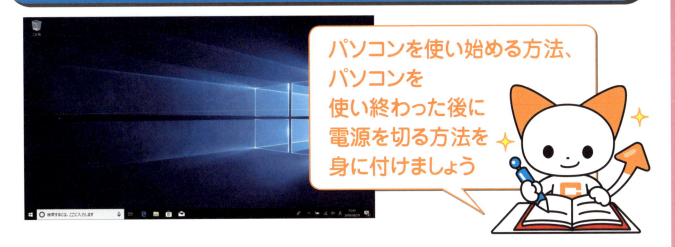

パソコンを使い始める方法、パソコンを使い終わった後に電源を切る方法を身に付けましょう

マウスの使い方がわかります！

パソコンを思い通りに操作するために必要な、マウスの使い方が身に付きますよ

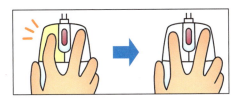 

文字を入力できるようになります！

キーボードを使って日本語を入力したり、インターネットのアドレス（住所）を入力する方法を紹介します

Section 01 パソコンの各部の名称と役割を覚えよう

●第1章 パソコンの基本を覚えよう

パソコンには大きく分けてノートパソコンとデスクトップパソコンがあります。ここでは、パソコンの各部名称と役割について解説します。しっかり身に付けましょう。

ノートパソコンの各部名称

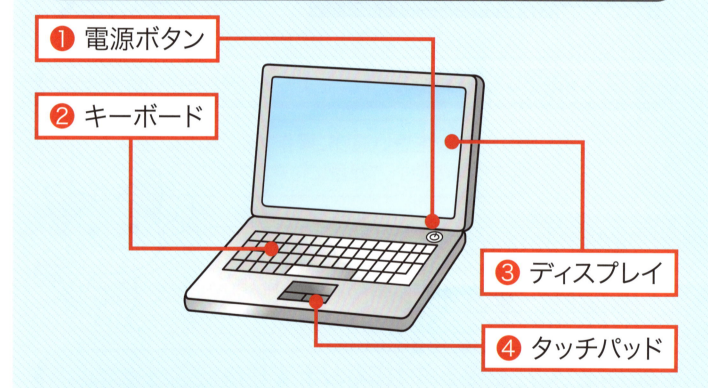

❶ 電源ボタン
❷ キーボード
❸ ディスプレイ
❹ タッチパッド

❶ **電源ボタン**
パソコンを起動します。

❷ **キーボード**
文字の入力を行います。

❸ **ディスプレイ**
パソコンの操作結果を画面に表示します。

❹ **タッチパッド**
画面に表示されるポインターの操作などを行います。

デスクトップパソコンの各部名称

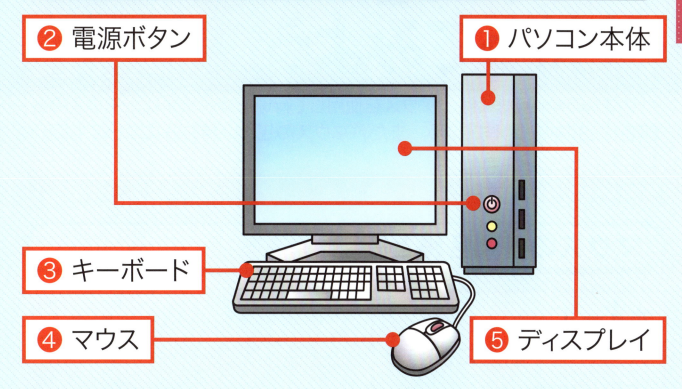

❶ パソコン本体
パソコンの本体です。

❷ 電源ボタン
パソコンを起動します。

❸ キーボード
文字の入力を行います。

❹ マウス
画面に表示されるポインターの操作などを行います。

❺ ディスプレイ
パソコンの操作結果を画面に表示します。

おわり

 ノートパソコンとデスクトップパソコン

ノートパソコンは省スペースでの作業のとき、デスクトップパソコンは大画面でじっくり作業をするときなど、使用場所や用途により使い分けられています。

Section 02 マウスを持ってみよう

第1章 パソコンの基本を覚えよう

パソコンの操作の多くは、マウスを使用して行います。まずは、マウスの各部名称と役割を覚えましょう。また、マウスの正しい持ち方についても紹介します。

マウスの各部名称と役割

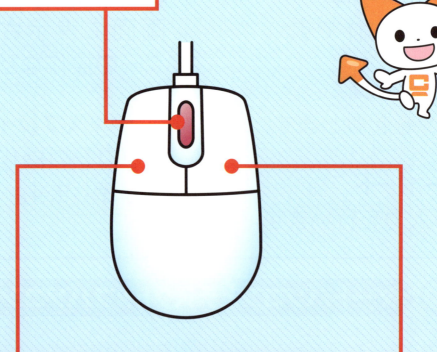

ホイール
人差し指で前後に回して使用します

操作の多くは左ボタンで行います

左ボタン
左ボタンを1回押すことをクリックといいます

右ボタン
右ボタンを1回押すことを右クリックといいます

マウスを持ってみよう

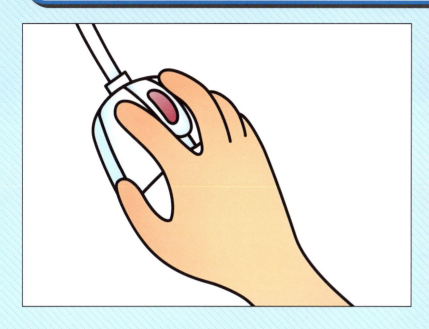

平らな場所にマウスを置き、手のひらで包むように持ちます。人差し指を左ボタンの上、中指を右ボタンの上に置きます

おわり

ノートパソコンの場合

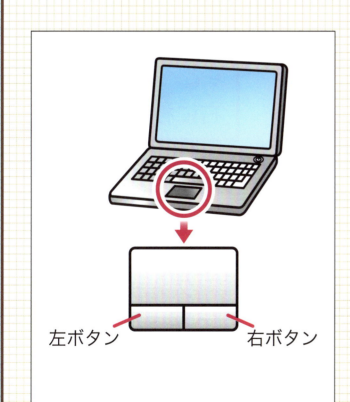

左ボタン　　　右ボタン

ノートパソコンには、タッチパッドが付いています。ノートパソコンにマウスが接続されていない場合は、タッチパッドを使用します。ただし、慣れるまでは操作が難しいので、最初はマウスを接続して使うことをお勧めします。

Section 03 マウスを動かしてみよう

●第1章 パソコンの基本を覚えよう

マウスの基本操作は、移動・クリック・ドラッグ・ダブルクリックの4つです。まずは実際にマウスを動かしてみて、これらの基本操作をしっかり身に付けましょう。

マウスポインターを移動させてみよう

画面に表示された矢印は、「マウスポインター（ポインター）」といいます。マウスを動かすと、動かした方向にポインターが移動します。

マウスを右に動かすと、ポインターも右に移動します

練習 実際にやってみよう

デスクトップ画面（24ページを参照してください）でマウスポインターを動かしてみましょう。

マウスをクリックしてみよう

マウスの左ボタンを1回押すことを「クリック」といいます。

| マウスを持ちます | 人差し指で左ボタンを押します | すぐにボタンから指を離します |

マウスを右クリックしてみよう

マウスの右ボタンを1回押すことを「右クリック」といいます。

| マウスを持ちます | 中指で右ボタンを押します | すぐにボタンから指を離します |

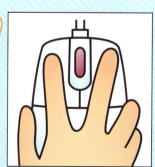

次へ

ドラッグしてみよう

マウスの左ボタンを押したままマウスを移動することを「ドラッグ」といいます。

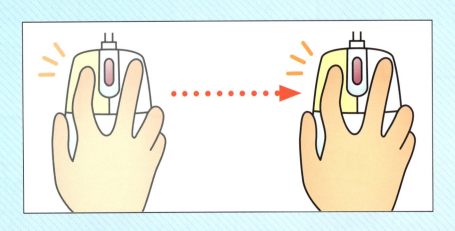

実際にやってみよう

ごみ箱のアイコンを使って練習してみましょう。

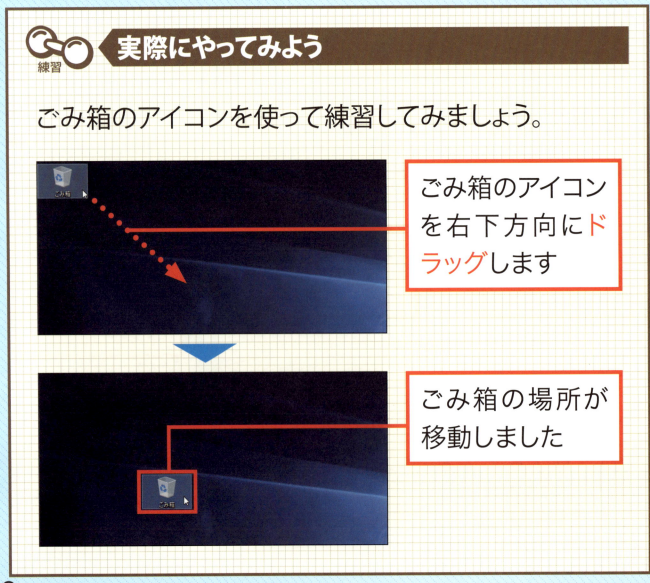

ごみ箱のアイコンを右下方向にドラッグします

ごみ箱の場所が移動しました

マウスをダブルクリックしてみよう

左ボタンをすばやく2回押すことを「ダブルクリック」といいます。

おわり

Column タッチパッドを使う

●ポインターの移動

●ドラッグ

マウスの接続されていないノートパソコンでこれらの操作を行う場合は、タッチパッドと左右のボタンで行います。タッチパッドでは、指でなぞるようにしてマウスポインターを動かします。

Section 04 キーボードのキーを確認しよう

●第1章 パソコンの基本を覚えよう

パソコンで文字や数字などを入力するときは、キーボードを使います。メールやインターネットでもよく利用するので、キーの名称と役割をしっかり覚えておきましょう。

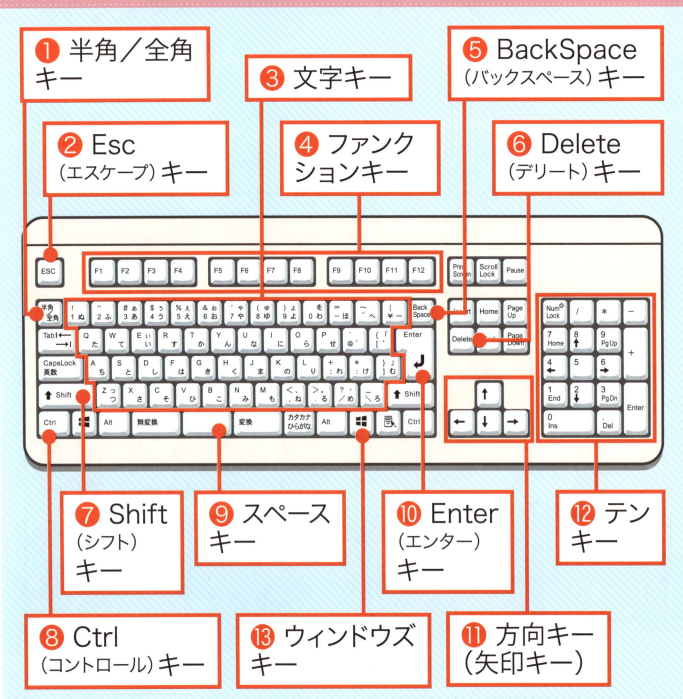

❶ 半角／全角キー
❷ Esc（エスケープ）キー
❸ 文字キー
❹ ファンクションキー
❺ BackSpace（バックスペース）キー
❻ Delete（デリート）キー
❼ Shift（シフト）キー
❽ Ctrl（コントロール）キー
❾ スペースキー
❿ Enter（エンター）キー
⓫ 方向キー（矢印キー）
⓬ テンキー
⓭ ウィンドウズキー

キーの配列は、パソコンの種類によって異なります。

❶ 半角／全角キー
半角英数入力モードと日本語入力モードを切り替えます（27ページ参照）。

❷ Esc（エスケープ）キー
入力した内容や、選択した操作を取り消します。

❸ 文字キー
キーボードに表示されている文字や数字、記号などを入力します。

❹ ファンクションキー
特殊な操作などに使用します。

❺ BackSpace（バックスペース）キー
|（カーソル）の左側の文字を削除します。

❻ Delete（デリート）キー
|（カーソル）の右側の文字を削除します。

❼ Shift（シフト）キー
アルファベットの大文字や記号の入力などに使用します。

❽ Ctrl（コントロール）キー
ほかのキーと組み合わせて使います。

❾ スペースキー
漢字変換や空白の入力に使用します。

❿ Enter（エンター）キー
入力の確定や改行などを行います。

⓫ 方向キー（矢印キー）
|（カーソル）を移動します。

⓬ テンキー
数字の入力に使用します。

⓭ ウィンドウズキー
スタートメニューを表示します。ほかのキーと組み合わせて使用することもあります。

1章
パソコンの基本を覚えよう

おわり

Section 05 パソコンを動かしてみよう

●第1章 パソコンの基本を覚えよう

パソコンを使うには、まずパソコンの電源を入れて、次にパスワードを入力する必要があります。さっそくパソコンを動かしてみましょう。

●操作に迷ったときは……　クリック **17** ページ　キー **20** ページ

電源ボタンを押してパソコンを起動しよう

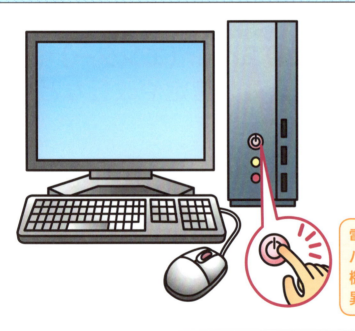

1 パソコンの電源ボタンを押します

! ⏻のマークが電源ボタンです

電源ボタンの位置はパソコンのメーカーや機種によって異なります

2 パソコンが起動し、起動画面が表示されました

パスワードを入力しよう

1 何かキーを押すか、クリックします

2 入力画面が表示されました

3 パスワード入力欄をクリックします

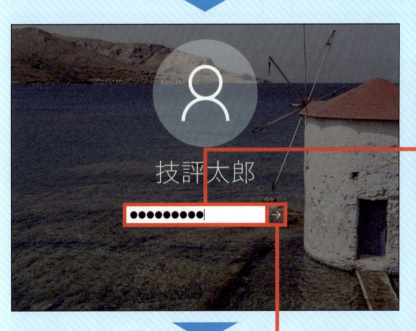

4 パスワードを入力します

! パスワードが設定されていない場合は自動的にデスクトップ画面が表示されます

5 送信 → をクリックします

! Enterキーを押しても同じです

6 デスクトップ画面が表示されました

おわり

Section 06 ウィンドウズの画面と名称を覚えよう

●第1章 パソコンの基本を覚えよう

ウィンドウズの操作の基本となる画面を、デスクトップ画面といいます。ここでは、ウィンドウズの操作画面の名称と役割を解説します。

● 操作に迷ったときは…… クリック 17ページ　キー 20ページ

デスクトップ画面の各部名称

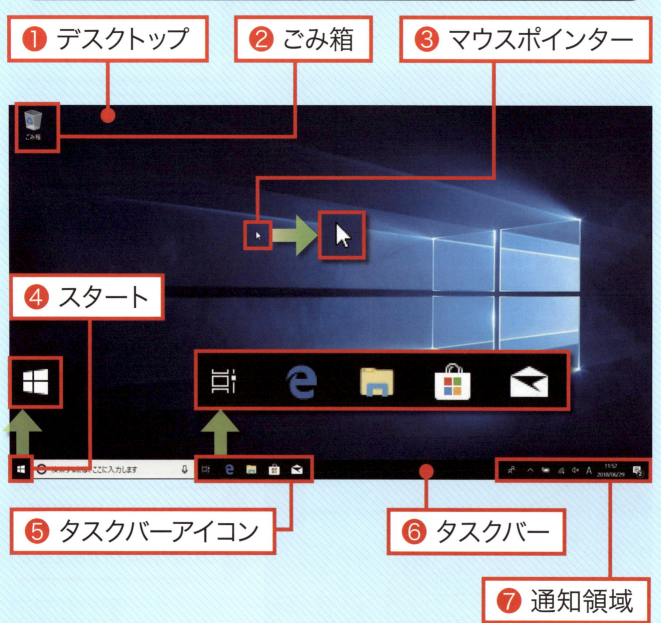

❶ デスクトップ
❷ ごみ箱
❸ マウスポインター
❹ スタート
❺ タスクバーアイコン
❻ タスクバー
❼ 通知領域

❶ **デスクトップ**
パソコンを使うときの基本となる画面です。

❷ **ごみ箱**
削除したいファイルやフォルダーをここに移動します。

❸ **マウスポインター**
パソコンに様々な指示を与えます。マウスやタッチパッドなどで操作します。

❹ **スタート**
クリックしてスタートメニューを表示します。

❺ **タスクバーアイコン**
アプリ（ソフトウェア）を実行・切り替えるためのアイコンです。

❻ **タスクバー**
実行中のソフトウェアなどが表示されます。

❼ **通知領域**
現在の日付や時刻などが表示されます。

おわり

> Column **スタートメニューの表示**
>
> ⊞キーを押すと、スタートメニューが表示されます。

Section 07 文字入力のしくみを知ろう

●第1章 パソコンの基本を覚えよう

ページの検索やメールの作成など、パソコンを使っていると頻繁に文字の入力を行います。文字入力の基本をしっかり身に付けましょう。

●操作に迷ったときは…… クリック 17ページ　右クリック 17ページ　キー 20ページ

入力モードを確認しよう

ウィンドウズのパソコンには、英数字やひらがな、漢字などを入力するための仕組みが最初から備わっています。英数字を入力するには「半角英数入力モード」を、漢字やひらがなを入力するには「日本語入力モード」を利用します。現在のモードは、入力モードアイコンで確認できます。

●デスクトップ画面の入力モードアイコン

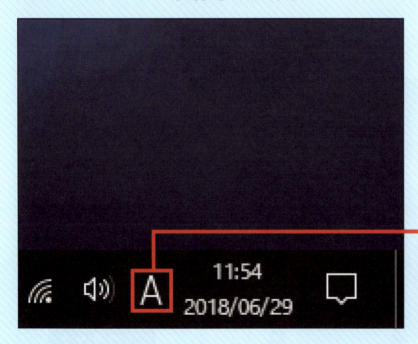

タスクバーの右下にある通知領域に表示されます

入力モードを切り替えよう

入力モードを切り替えるには、キーボードの[半角/全角]キーを使います。

●日本語入力モードへの切り替え

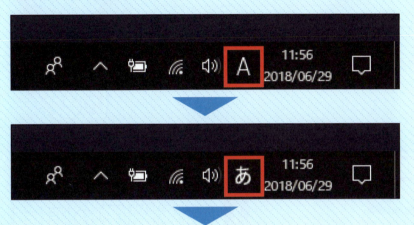

キーボードの[半角/全角]キーを押すと、🅰 が あ に変わります

日本語が入力できるようになります

●半角英数入力モードへの切り替え

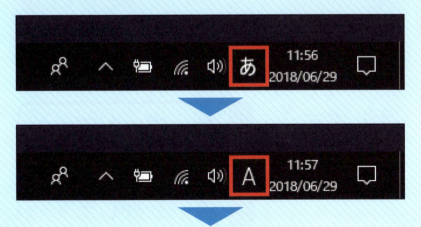

キーボードの[半角/全角]キーを押すと、あ が 🅰 に変わります

英数字が入力できるようになります

次へ

27

ローマ字入力とかな入力

ひらがなや漢字などの日本語を入力するには、「ローマ字入力」と「かな入力」という2つの方法が用意されています。

●ローマ字入力とは

ローマ字入力では、キーに書かれた英文字をローマ字読みにして、日本語を入力します。

本書では、ローマ字入力を使って解説します

1 キーボードで  の順にキーを押します

2 「ゆき」と入力されます

●かな入力とは

かな入力では、キーに書かれたひらがなの通りに日本語を入力します。

1 キーボードで の順にキーを押します

2 「ゆき」と入力されます

ローマ字入力とかな入力を切り替えよう

デスクトップ画面では、入力モードアイコンを右クリックして、ローマ字入力とかな入力を切り替えることができます。

1 入力モードアイコンを右クリックします

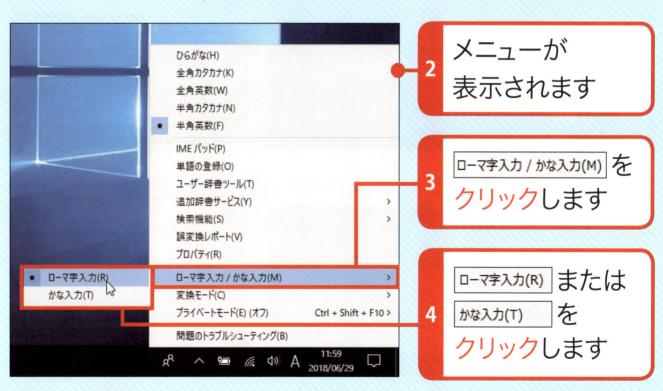

2 メニューが表示されます

3 ローマ字入力 / かな入力(M) をクリックします

4 ローマ字入力(R) または かな入力(T) をクリックします

このメニューで、入力モードを切り替えることもできます

おわり

● 第1章 パソコンの基本を覚えよう

Section 08 文字入力を練習しよう

ここでは、ウィンドウズに付属しているアプリ「ワードパッド」を使って、文字入力の練習をします。英数字や日本語の入力方法を身に付けましょう。

● 操作に迷ったときは……　クリック 17ページ　ドラッグ 18ページ　キー 20ページ　入力 26ページ

ワードパッドを起動しよう

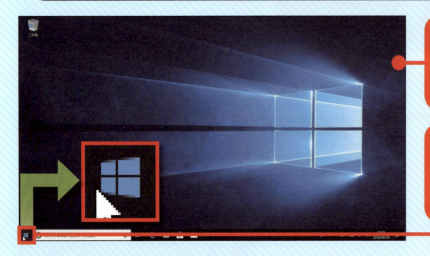

1 デスクトップ画面を表示します

2 ⊞（スタート）をクリックします

3 スタートメニューが表示されました
　! ⊞をクリックすると、メニューが閉じます

4 スクロールバーを下方向にドラッグします

30

5 をクリックします

6 ワードパッド をクリックします

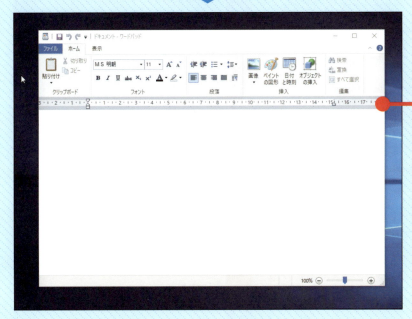

7 ワードパッドが開きました

! 右上の ☒ をクリックすると、ワードパッドが閉じます

次へ

1章 パソコンの基本を覚えよう

> **Column　ワードパッドに文字を入力するには**
>
> 起動したワードパッドに文字を入力するには、ワードパッドの画面の上にポインター I を移動し、クリックします。ワードパッドの画面にカーソル | が点滅していると、文字を入力できる状態です。次ページの説明は、ワードパッドに文字を入力しながら試します。

31

英数字を入力しよう

1 ワードパッドを **クリック**します

2 **y a h o o** の順にキーを押します

! 入力モードが **A** になっていることを確認します

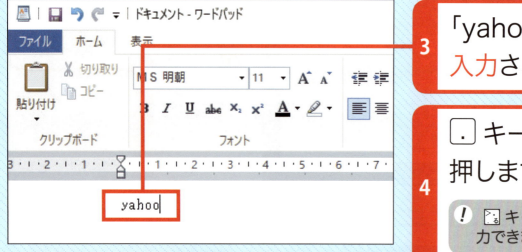

3 「yahoo」と**入力**されました

4 **.** キーを押します

! **る** キーを押すと入力できます

5 「yahoo」に続けて「.」が**入力**されました

6 さらに「co.jp」と**入力**します

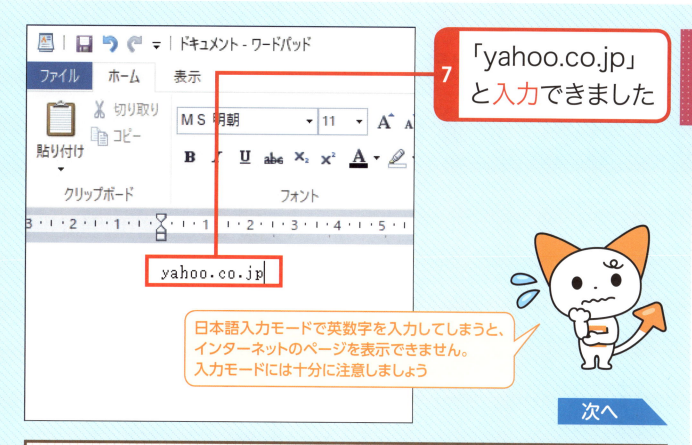

7 「yahoo.co.jp」と入力できました

日本語入力モードで英数字を入力してしまうと、インターネットのページを表示できません。入力モードには十分に注意しましょう

次へ

Column よく使う記号について

インターネットやメールでよく使われる記号は、以下に紹介する方法で入力できます。

記号	記号の読み方	実際に押すキー
@	アット、アットマーク	@
/	スラッシュ	?／め
.	ピリオド、ドット	>．る
:	コロン	*：け
+	プラス	Shiftキーを押しながら +;れ
"	ダブルクォーテーション	Shiftキーを押しながら "2ふ
~	チルダ	Shiftキーを押しながら ~^
_	アンダーバー、アンダースコア	Shiftキーを押しながら _ろ
大文字の英字	―	Shiftキーを押しながら英字キー

1章 パソコンの基本を覚えよう

33

日本語を入力しよう

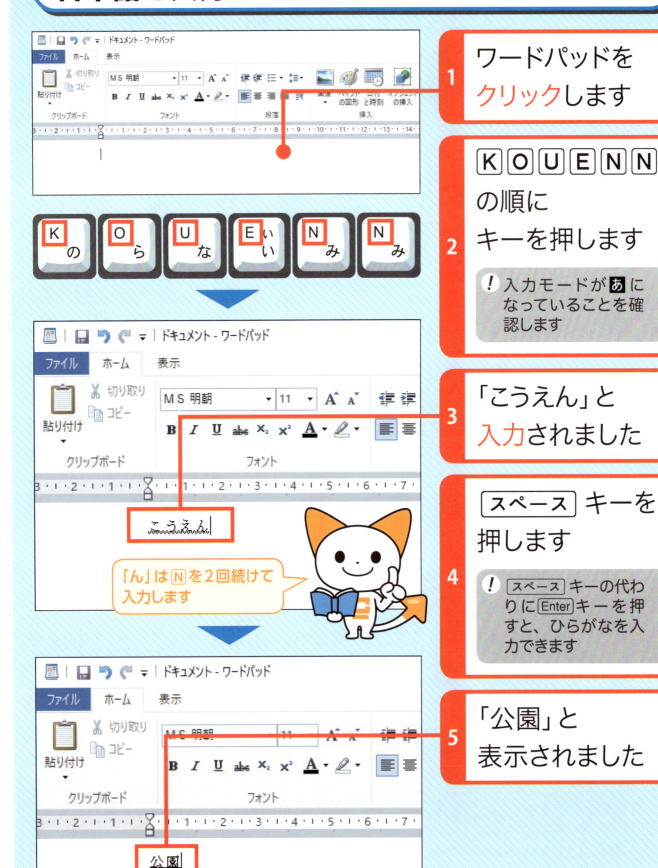

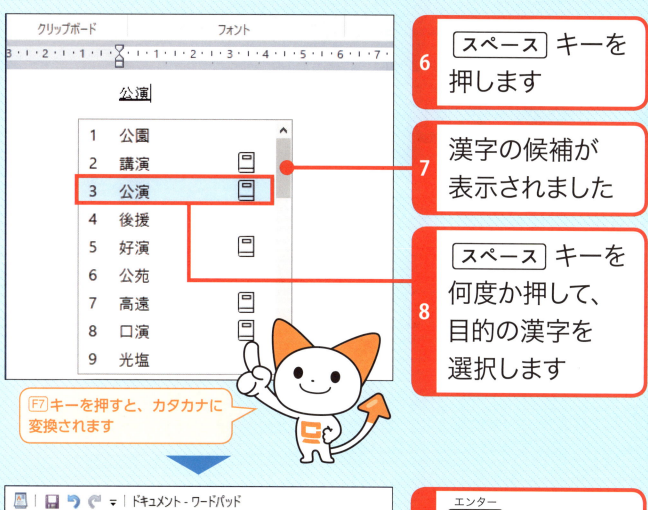

6 スペースキーを押します

7 漢字の候補が表示されました

8 スペースキーを何度か押して、目的の漢字を選択します

F7キーを押すと、カタカナに変換されます

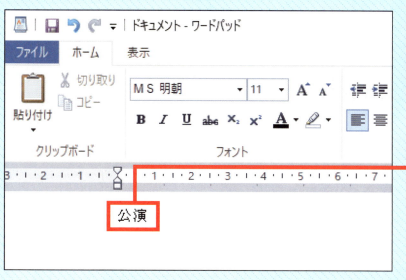

9 Enterキーを押します

10 文字が入力されました

おわり

Column 入力した文字を消す

文字を消すときは、DeleteキーやBackspaceキーを使います（21ページ参照）。

35

●第1章 パソコンの基本を覚えよう

Section 09 パソコンを終了しよう

パソコンを使い終わったら、きちんと電源をオフにしておきましょう。正しい手順で操作しないと、思わぬトラブルに繋がるので注意してください。

● 操作に迷ったときは…… クリック 17ページ

ウィンドウを閉じよう

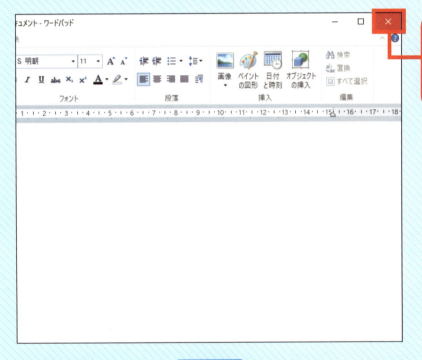

1 閉じる ✕ を クリックします

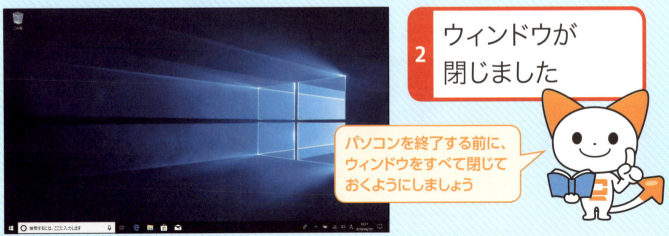

2 ウィンドウが閉じました

パソコンを終了する前に、ウィンドウをすべて閉じておくようにしましょう

36

パソコンを終了しよう

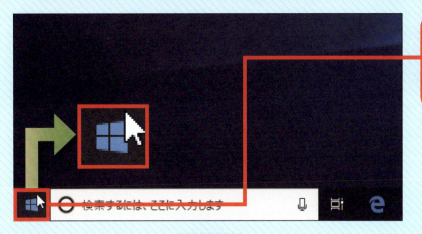

1. スタート ⊞ を クリックします

2. 電源 ⏻ を クリックします

3. <シャットダウン> をクリックします

   ! <再起動>をクリックすると、一度パソコンが終了したあと、再度起動します

4. パソコンが終了します

   ! パソコンの電源は自動的に切れます

パソコンを終了することをシャットダウンといいます

おわり

第2章 ブラウザーの使い方を覚えよう

基本操作を身に付けたら、さっそくインターネットを楽しんでみましょう。この章では、パソコンを使ってインターネットを楽しむために必要なアプリである「ブラウザー（マイクロソフトエッジ）」の使い方を学びます。

Section 10	ブラウザーを起動しよう	40
Section 11	ブラウザーの画面と名称を覚えよう	42
Section 12	インターネットのページを表示しよう	44
Section 13	元のページに戻ろう	46
Section 14	隠れている部分を表示しよう	48
Section 15	別のページに移動しよう	50
Section 16	ブラウザーを終了しよう	52

この章でできるようになること

ブラウザーの使い方がわかります！

インターネットを使ううえで欠かすことのできない、ブラウザーの操作方法や画面の見方がわかります

インターネットのページを見られます！

ブラウザーにインターネットの住所（アドレス）を入力して、好きなページを開いてみましょう

リンクの使い方がわかります！

ページの中にあるリンクをクリックすれば、いろいろなページを訪問することができますよ

● 第2章 ブラウザーの使い方を覚えよう

Section 10 ブラウザーを起動しよう

インターネットのページを見るにはブラウザーが必要です。ウィンドウズにはマイクロソフトエッジというブラウザーが付属しています。

● 操作に迷ったときは…… クリック 17ページ

タスクバーから起動しよう

1 マイクロソフトエッジ **e** を クリックします

2 マイクロソフトエッジが起動しました

⚠ 最初に表示されるページはパソコンの環境などにより異なります

スタートメニューから起動しよう

1 デスクトップ画面を表示します

2 スタート ⊞を クリックします

マイクロソフトエッジの アイコンがタスクバーに 表示されていない場合は、 この手順を試しましょう

3 マイクロソフトエッジ をクリックします

4 マイクロソフトエッジが起動しました

おわり

2章 ブラウザーの使い方を覚えよう

41

Section 11

ブラウザーの画面と名称を覚えよう

●第2章 ブラウザーの使い方を覚えよう

マイクロソフトエッジの画面について紹介します。ブラウザーは頻繁に利用することになるので、各部の名称と役割をしっかり覚えましょう。

●操作に迷ったときは……　クリック 17ページ　ドラッグ 18ページ

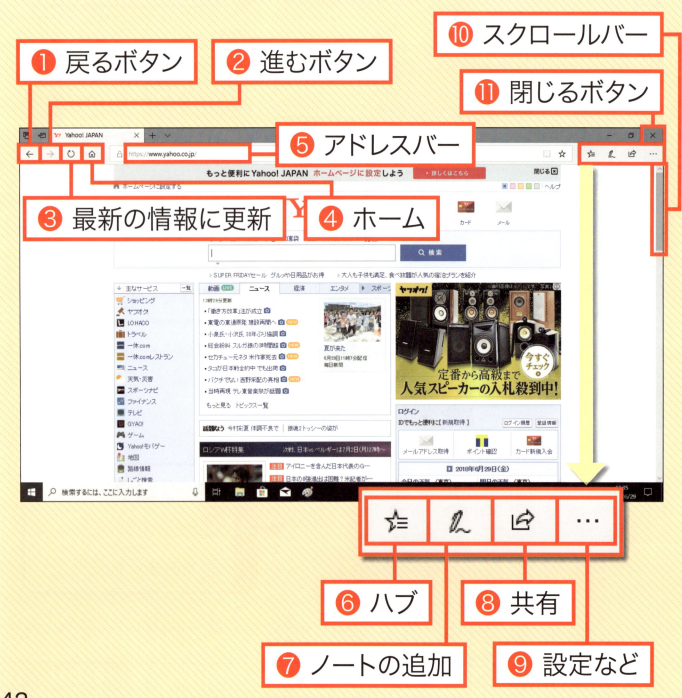

❶ 戻るボタン
❷ 進むボタン
❸ 最新の情報に更新
❹ ホーム
❺ アドレスバー
❻ ハブ
❼ ノートの追加
❽ 共有
❾ 設定など
❿ スクロールバー
⓫ 閉じるボタン

❶ **戻る**
現在見ているページの前に見ていたページに戻ります。

❷ **進む**
戻るボタンをクリックする前に見ていたページに戻ります。

❸ **最新の情報に更新**
現在見ているページを、最新の情報に更新して再表示します。

❹ **ホーム**
スタートページという、ブラウザーを起動したときに表示される最初のページを表示します。

❺ **アドレスバー**
現在見ているページのアドレス（住所）が表示されます。

❻ **ハブ**
お気に入りを登録したり、管理したりするための画面を表示します。

❼ **ノートの追加**
ページにマウスやキーボードでメモを書き込むことができます。

❽ **共有**
メールなどを使って、現在見ているページを別の人と共有できます。

❾ **設定など**
ブラウザーに関するさまざまな設定をすることができます。

❿ **スクロールバー**
ページが画面に収まりきらない場合にドラッグすると、見えていない場所を表示できます。

⓫ **閉じるボタン**
ブラウザーを終了します。

2章 ブラウザーの使い方を覚えよう

ボタンが薄い色になっている時は操作することはできません

おわり

Section 12 インターネットのページを表示しよう

●第2章 ブラウザーの使い方を覚えよう

インターネットのページのアドレス(住所)は、URLとも呼ばれています。アドレスを入力して、目的のページを表示してみましょう。

●操作に迷ったときは…… クリック 17ページ　キー 20ページ　入力 26ページ

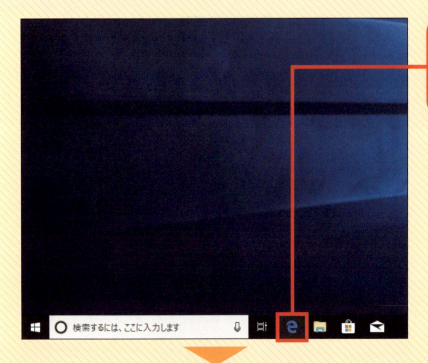

1 マイクロソフトエッジ e をクリックします

2 マイクロソフトエッジが表示されました

3 アドレスバーをクリックします

44

4 アドレスが青色で反転表示されました

！ この状態で、新しくアドレスを入力することができます

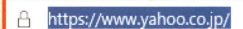

5 google.co.jpと入力します

！ ここでは、グーグルのアドレスを入力しています

6 Enterキーを押します

7 ページが表示されました

アドレスの先頭の「https://」は自動的に表示されるので入力する必要はありませんよ

おわり

45

Section 13 元のページに戻ろう

●第2章 ブラウザーの使い方を覚えよう

直前に見ていたページをもう一度見たいときは、1つ前のページに戻る操作を行います。元のページに戻ってみましょう。

●操作に迷ったときは……　クリック 17ページ

直前に見ていたページを表示しよう

1 44ページの手順でグーグルのページを表示します

！ ここでは、グーグルのページ（今のページ）からのヤフーのページ（元のページ）に戻ります

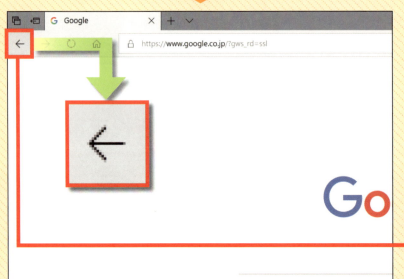

ブラウザーを起動した直後は、←をクリックすることはできません

2 戻る ← を クリックします

46

3 元のページに戻りました

おわり

> Column **戻る前に見ていたページを表示する**

→ をクリックすると、戻る前に見ていたページを再度表示することができます。

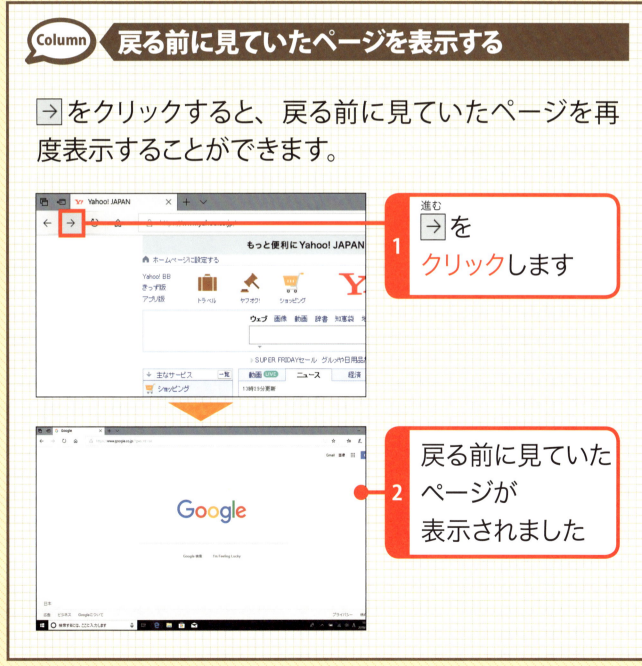

1 進む → を クリックします

2 戻る前に見ていたページが表示されました

47

Section 14 隠れている部分を表示しよう

●第2章 ブラウザーの使い方を覚えよう

多くの場合、ページはパソコンの画面には収まらず、一部分しか表示されていません。ページを上下に動かして、全体を見てみましょう。

●操作に迷ったときは…… ドラッグ 18ページ

1 ポインター ▷ を画面の右側へ移動します

2 スクロールバーが表示されました

スクロールバーは最初から表示されている場合もあります

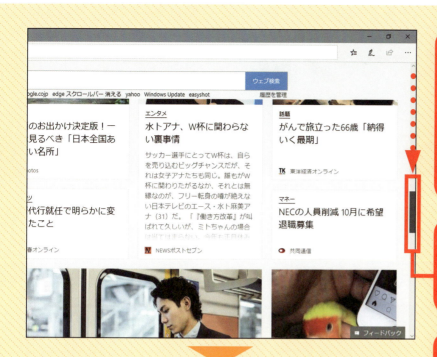

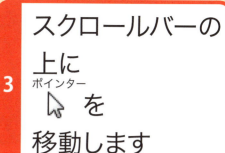

3 スクロールバーの上にポインター ▶ を移動します

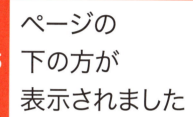

4 下方向へドラッグします

5 ページの下の方が表示されました

このように画面を動かす操作をスクロールといいます

おわり

Column ホイールでスクロールさせる

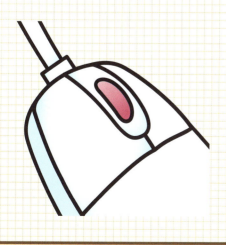

マウスのホイールを回転させても、ページを上下にスクロールさせることができます。慣れればこちらの方が操作が簡単なので、お勧めです。

2章 ブラウザーの使い方を覚えよう

●第2章 ブラウザーの使い方を覚えよう

Section 15 別のページに移動しよう

インターネットのページには、クリックすると別のページを表示する機能（リンク）が備わっています。リンクを使ってみましょう。

●操作に迷ったときは……　クリック 17ページ

1　見たい項目や画像の上にポインター ▷ を移動します

! リンク機能が使える場合は、ポインターを移動すると下線が付いたり色が変わったりします

2　ポインターの形が 🖑 に変わったことを確認し、クリックします

50

3 別のページに移動しました

4 見たい項目や画像の上にポインター ☖ を移動します

5 ポインターの形が 👆 に変わったことを確認し、**クリック**します

6 別のページに移動しました

このように、リンクを次々クリックしてページを移動していくことができます

おわり

● 第2章 ブラウザーの使い方を覚えよう

Section 16 ブラウザーを終了しよう

インターネットの閲覧が終わったら、ブラウザーを終了しておきましょう。ここでは、マイクロソフトエッジを終了する方法を紹介します。

● 操作に迷ったときは…… クリック 17ページ

ブラウザーを終了しよう

1 閉じる ✕ を クリックします

2 デスクトップ画面が表示されました

52

複数のページを開いている場合

1 閉じる ✕ を クリックします

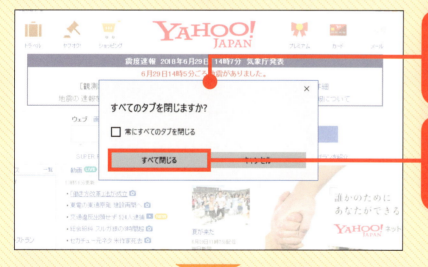

2 確認画面が表示されます

3 <すべて閉じる>をクリックします

4 デスクトップ画面が表示されました

おわり

第3章 インターネットを楽しもう

ブラウザーの基本操作は覚えられましたか？　この章では、インターネットの便利なページを紹介します。インターネットを使えば、パソコンで地図を見たり、時刻表やお店の情報を調べたり、テレビの番組表をチェックしたりできます。

Section 17	インターネットで情報を検索しよう	56
Section 18	複雑な条件で検索しよう	58
Section 19	インターネットでニュースを見よう	62
Section 20	地図を表示しよう	64
Section 21	近くのお店を調べよう	68
Section 22	目的地までの経路を表示しよう	70
Section 23	電車の乗り換えを確認しよう	72
Section 24	電車の時刻表を調べよう	76
Section 25	天気予報を調べよう	78
Section 26	テレビの番組表を見よう	80
Section 27	わからない言葉を辞書で調べよう	84
Section 28	インターネットで動画を見よう	88
Section 29	動画の音量を調節しよう	92
Section 30	インターネットでラジオを聴こう	94
Section 31	無料のゲームを楽しもう	96
Section 32	無料のメールアドレスを取得しよう	98
Section 33	メールを作成して送信しよう	102
Section 34	受信したメールを読もう	106
Section 35	メールに返信しよう	108
Section 36	メールで写真を送ろう	110

この章でできるようになること

インターネットのページを検索できます！

インターネットのページやさまざまな情報を探したい場合は、グーグルなどの検索機能を活用しましょう

インターネットの便利な機能を使えます！

ニュースや天気予報、テレビ番組表や辞書など、インターネットにはたくさんの便利な機能がありますよ

メールの送受信も可能です！

ブラウザーを使って、インターネットでメールをやり取りすることができるようになります

Section 17 インターネットで情報を検索しよう

●第3章 インターネットを楽しもう

題名やキーワードをもとに、目的のページを探すことができます。インターネットを使って、必要な情報を探す方法を身に付けましょう。

●操作に迷ったときは……　クリック 17ページ　キー 20ページ　入力 26ページ

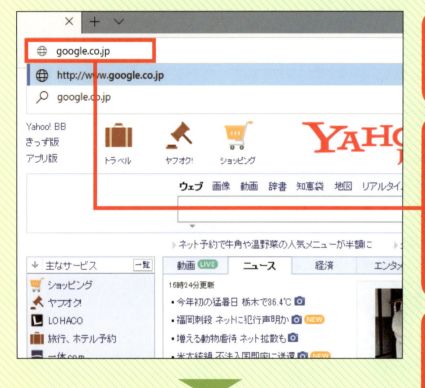

1 アドレスバーをクリックします

2 アドレスを入力します
！ グーグルのアドレス「google.co.jp」を入力しています

3 Enter(エンター)キーを押します

4 グーグルのページが表示されました
！ グーグルのページのデザインは、環境や日時などにより異なる場合があります

5 入力欄を
クリックします
! 日本語入力モードになっているか確認します

6 キーワードを
入力します
! ここでは「東京スカイツリー」と入力しています

7 Enterキーを
押します
! ＜Google検索＞をクリックしても検索できます

8 検索結果が
表示されました

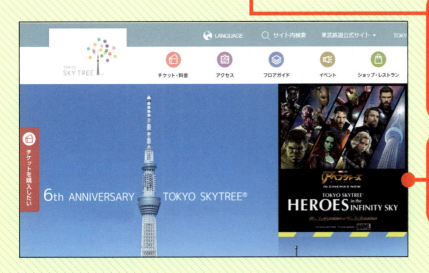

9 調べたい
ページを選んで
クリックします

10 ページが
表示されました

おわり

3章 インターネットを楽しもう

57

●第3章 インターネットを楽しもう

Section 18 複雑な条件で検索しよう

1つのキーワードではなく、複数のキーワードを使って検索すると、より正確に目的のページを探し出すことができます。

● 操作に迷ったときは……　クリック **17**ページ　キー **20**ページ　入力 **26**ページ

2つのキーワードが含まれるページを検索しよう

1 56ページの方法でグーグルを表示します

2 入力欄をクリックします
 ! 日本語入力モードになっているか確認します

3 最初のキーワードを入力します
 ! ここでは「スカイツリー」と入力しています

58

4 [スペース] キーを押します

[スペース] キーを押すと、文字の直後に空白ができます

5 次のキーワードを入力します

! ここでは「ポストカード」と入力しています

6 [Enter] キーを押します

! ＜Google検索＞をクリックしても検索できます

7 検索結果が表示されました

! 検索結果の中から、目的のホームページを選んでクリックします

次へ

フレーズで検索しよう

1 56ページの方法でグーグルを表示します

2 入力欄をクリックします

3 「"」を入力します

! 半角英数入力モードで入力します

4 キーワード（フレーズ）を入力します

5 「"」を入力します

6 Enterキーを押します

! ＜Google検索＞をクリックしても検索できます

7 検索結果が表示されました

59ページの検索結果と、フレーズ検索の結果を比べてみましょう

おわり

3章 インターネットを楽しもう

Column さまざまな検索方法

おもな検索方法として、次のようなものがあります。

検索方法	内容	例
AND検索	全部のキーワードが含まれるページを検索します	地球　温暖化（キーワードの間にスペースを入れます）
OR検索	いずれかのキーワードが含まれるページを検索します	地球　OR　温暖化（キーワードの間にORを記述します）
フレーズ検索	一連のつながっているキーワードが含まれるページを検索します	"地球温暖化"（キーワードを""で囲みます）

Section 19 インターネットでニュースを見よう

●第3章 インターネットを楽しもう

インターネットでは、新聞やテレビなどのさまざまなニュースを見ることができます。ブラウザーを使って、最新のニュースを読んでみましょう。

●操作に迷ったときは…… クリック 17ページ　キー 20ページ　入力 26ページ

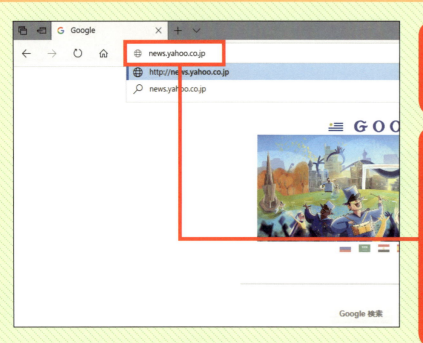

1 アドレスバーを**クリック**します

2 アドレスを**入力**します

! ここでは、Yahoo!（ヤフー）ニュースのアドレス「news.yahoo.co.jp」を入力しています

3 **Enter**（エンター）キーを押します

4 ニュースのページが表示されました

5 記事のタイトルを**クリック**します

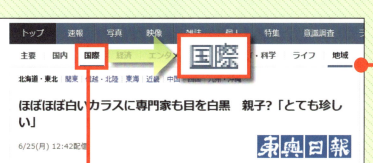

6 記事の本文が表示されました

7 [続きを読む]をクリックします

8 記事がすべて表示されました

9 国際をクリックします

❗ ニュースはカテゴリー別にまとめられています

10 選択したカテゴリーのニュースが表示されました

おわり

●第3章 インターネットを楽しもう

Section 20 地図を表示しよう

グーグルマップを使うと、地図を表示したり、航空写真や現地の写真を見たりすることができます。ここでは地図の表示方法を身に付けましょう。

●操作に迷ったときは…… クリック 17ページ　ドラッグ 18ページ　キー 20ページ　入力 26ページ

名称や住所で地図を表示しよう

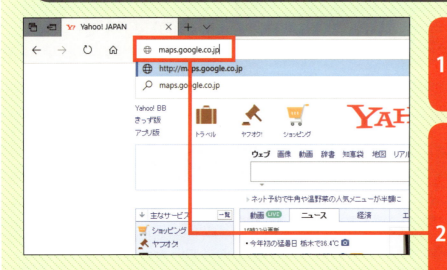

1 アドレスバーをクリックします

2 アドレスを入力します

！ ここでは、グーグルマップのアドレス「maps.google.co.jp」を入力しています

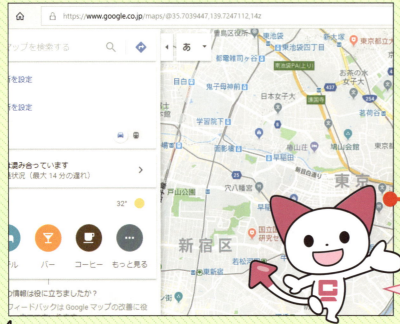

3 Enter（エンター）キーを押します

4 地図のページが表示されました

パソコンの状態や設定によって、画面が異なる場合があります

64

5 入力欄を
クリックします

! 日本語入力モードになっているか確認します

6 住所や建物の名前を入力します

! ここでは、国会議事堂の周辺の地図を調べています

7 検索 🔍 を
クリックします

8 地図が表示されました

有名な場所や建物ならば名前で調べられますが、自宅などを調べるときは住所を入力しましょう

9 ➕をクリックすると地図が拡大、
➖をクリックすると縮小します

3章 インターネットを楽しもう

次へ

65

航空写真を見てみよう

1 ＜航空写真＞をクリックします

2 航空写真表示に変わりました

3 画面をドラッグして上下左右に動かします

! ここでは、ドラッグして下に動かしています

4 地図が移動しました

地図表示の場合も、同様にして地図を移動することができます

ストリートビューを見てみよう

1 ■の上に ▷ を移動します

2 ドラッグして、緑の丸を青い線の上に移動します

! 青い線の上でマウスのボタンを放すと、その場所から撮影した写真が表示されます

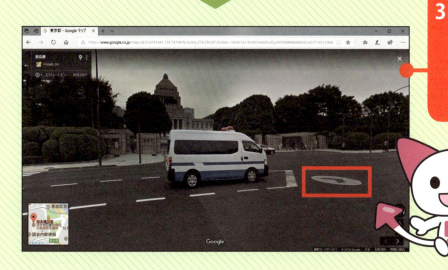

3 ストリートビューが表示されました

! ■をクリックすると場所を移動、画面をドラッグすると見ている方向を変えられます

ESCキーを押すとストリートビューが終了します

3章 インターネットを楽しもう

おわり

67

● 第3章 インターネットを楽しもう

Section 21 近くのお店を調べよう

グーグルマップを使うと、お店の地図や情報を調べることができます。近くにあるレストランなどを探すときに、とても便利な機能です。

● 操作に迷ったときは……　クリック **17** ページ　キー **20** ページ　入力 **26** ページ

1 グーグルマップを表示します

2 入力欄を**クリック**します
! 日本語入力モードになっているか確認します

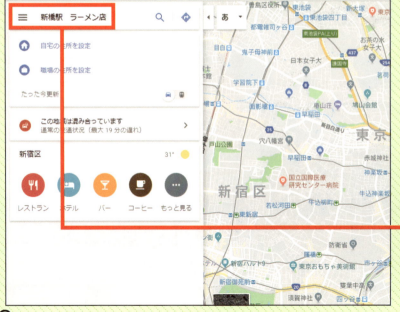

3 場所を**入力**します
! 駅名や住所を入力するとよいでしょう

4 [スペース]キーを押します

5 お店の名前や種類を**入力**します
! ここでは「ラーメン店」と入力しています

6 検索 🔍 を クリックします

7 お店が表示されました

！ お店がある場所に 📍 が表示されます

8 📍 の上で クリックします

9 お店の情報が表示されました

地図上のお店の名前をクリックすると、お店の詳しい情報が表示されます

おわり

3章 インターネットを楽しもう

69

Section 22 目的地までの経路を表示しよう

●第3章 インターネットを楽しもう

グーグルマップでは、目的地までの経路を検索することができます。電車や車など、複数の交通手段による所要時間を調べることも可能です。

●操作に迷ったときは……　クリック 17ページ　入力 26ページ

1 グーグルマップを表示します

2 ルート
🡢 を
クリックします

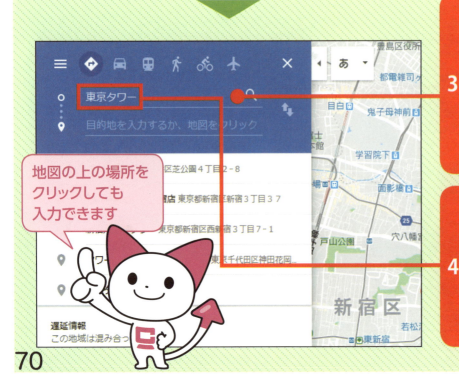

3 出発地の入力欄をクリックします
❗ 日本語入力モードになっているか確認します

地図の上の場所をクリックしても入力できます

4 出発地を
入力します
❗ ここでは「東京タワー」と入力しています

5 目的地の入力欄をクリックします

! 日本語入力モードになっているか確認します

6 目的地を入力します

! ここでは「横浜マリンタワー」と入力しています

7 検索 🔍 をクリックします

! ここでは、東京タワーから横浜マリンタワーへの経路を調べています

8 検索結果が表示されました

おわり

71

Section 23 電車の乗り換えを確認しよう

●第3章 インターネットを楽しもう

電車の乗換案内や、目的地までの経路を調べられます。ここではヤフーのサービスを使って、出発時刻、到着時刻、終電の時刻を調べましょう。

●操作に迷ったときは…… クリック **17**ページ ドラッグ **18**ページ キー **20**ページ 入力 **26**ページ

出発時刻で検索しよう

1 アドレスバーをクリックします

2 アドレスを入力します

! ここでは、Yahoo!（ヤフー）路線情報のアドレス「transit.yahoo.co.jp」を入力しています

3 Enterキーを押します

4 乗換案内が表示されました

72

5 入力欄を**クリック**します

6 出発地と目的地を**入力**します
! 日本語入力モードになっているか確認します

表示される候補を選んでクリックしても大丈夫ですよ

7 ▽を**クリック**して日付と時刻を指定します

8 検索 を**クリック**します

9 乗換情報が表示されました
! スクロールバーを下方向にドラッグすると、詳しい情報を見ることができます

次へ

3章 インターネットを楽しもう

73

到着時刻で検索しよう

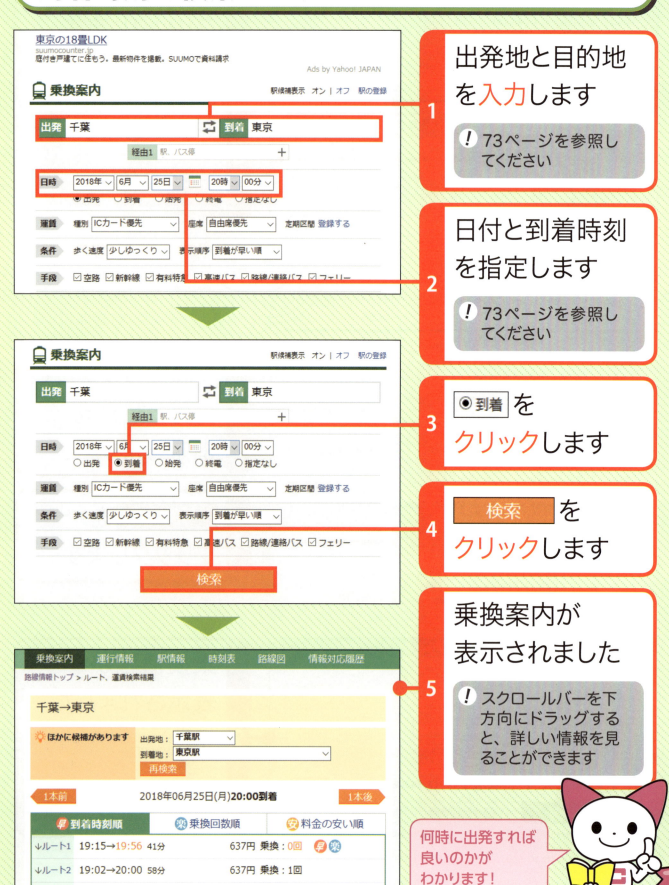

終電を検索しよう

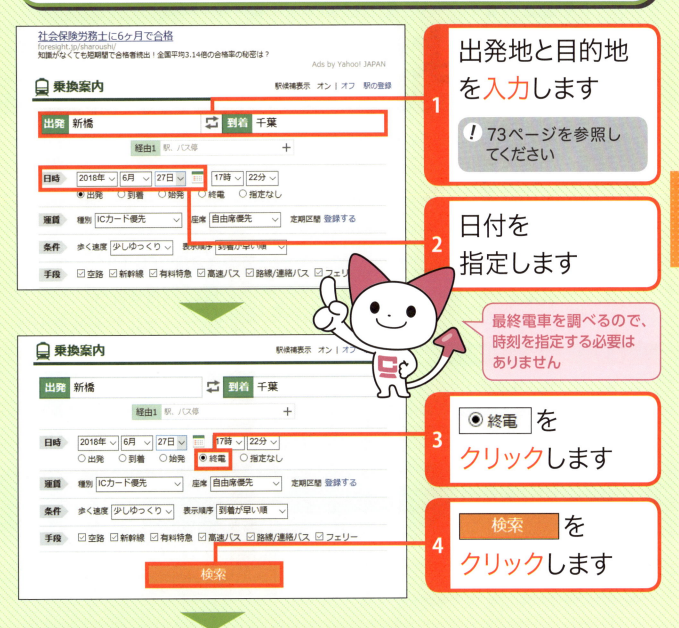

1. 出発地と目的地を入力します
   ! 73ページを参照してください

2. 日付を指定します

   最終電車を調べるので、時刻を指定する必要はありません

3. ◉終電をクリックします

4. 検索をクリックします

5. 乗換案内が表示されました
   ! スクロールバーを下方向にドラッグすると、詳しい情報を見ることができます

3章 インターネットを楽しもう

おわり

Section 24 電車の時刻表を調べよう

●第3章 インターネットを楽しもう

インターネットでは、駅ごとの時刻表を調べることができます。新しい情報に更新されるのも早く、とても便利です。

●操作に迷ったときは……　クリック 17ページ

1 Yahoo!（ヤフー）路線情報のページを表示します
! 72ページの手順を参考にしてください

2 時刻表 をクリックします

3 都道府県をクリックします

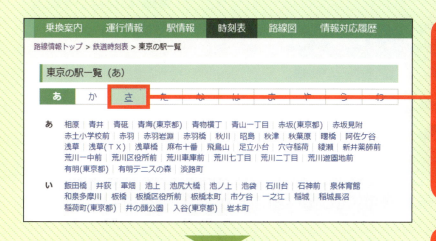

4 調べたい駅の五十音の先頭の文字をクリックします

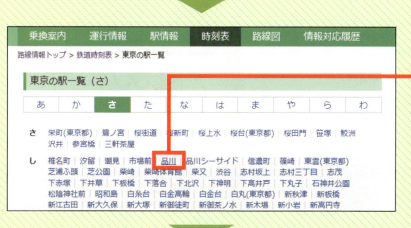

5 駅名をクリックします

! ここでは、品川駅の電車の時刻表を調べています

6 路線を選んでクリックします

! ここでは、JR京浜東北線の大船・磯子方面の時刻表を調べています

7 時刻表が表示されました

! ここでは、平日の時刻表が表示されています

<土曜>や<日曜・祝日>をクリックすれば、時刻表が切り替わります

おわり

3章 インターネットを楽しもう

77

Section 25 天気予報を調べよう

●第3章 インターネットを楽しもう

インターネットを使って、現在の天気や天気予報を知ることができます。自分の住んでいる場所の天気予報をすぐに調べることができて便利です。

● 操作に迷ったときは……　クリック 17ページ　キー 20ページ　入力 26ページ

1 アドレスバーをクリックします

2 アドレスを入力します

! ここでは、Yahoo!（ヤフー）天気・災害のアドレス「weather.yahoo.co.jp」を入力しています

3 Enter（エンター）キーを押します

4 天気のページが表示されました

5 調べたい地域をクリックします

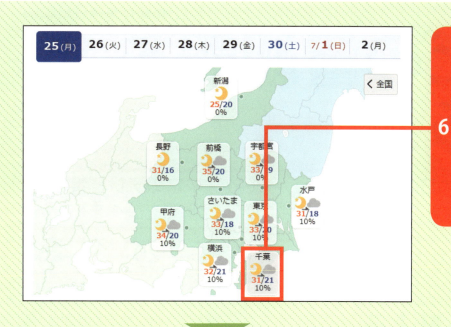

6 地域の天気のページに移動しました

!ここでは、千葉県の天気を調べています

7 都道府県の天気のページに移動しました

8 調べたい地域をクリックします

!ここでは、千葉県北西部の天気を調べています

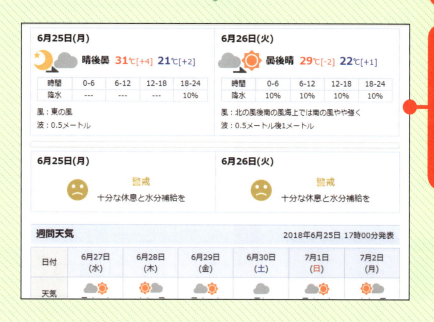

9 今日、明日、一週間の天気予報が表示されました

おわり

Section 26 テレビの番組表を見よう

●第3章 インターネットを楽しもう

ブラウザーを使って、その日のテレビ番組、今後放送予定のテレビ番組を調べることができます。自分の住んでいる地域のテレビ番組を調べましょう。

●操作に迷ったときは…… クリック 17ページ ドラッグ 18ページ キー 20ページ 入力 26ページ

テレビ番組表を見よう

1 アドレスバーをクリックします

2 ページのアドレスを入力します

　! ここでは、Yahoo!（ヤフー）テレビのアドレス「tv.yahoo.co.jp」を入力しています

3 Enterキーを押します

4 テレビのページが表示されました

5 ＜テレビ番組表＞をクリックします

6 テレビ番組表のページに移動しました

7 スクロールバーを下方向にドラッグします

8 今の時間帯のテレビ番組表が表示されました

9 スクロールバーをさらに下方向にドラッグします

10 遅い時間帯のテレビ番組表が表示されました

! 時間帯や日付を変える方法は次のページで解説します

次へ

3章 インターネットを楽しもう

81

別の日の番組表を見よう

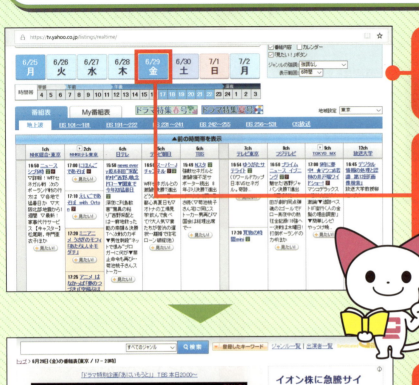

1 テレビ番組表を表示します

2 番組表が見たい日付をクリックします

1週間先の日付まで表示されますので、日付と曜日を確認しましょう

3 指定した日付の番組表が表示されました

4 見たい時間帯をクリックします

! 表示されているのは色が付いた時間帯です

5 スクロールバーをドラッグします

6 指定した時間帯の番組表が表示されました

地域を変更しよう

1 テレビ番組表のページの上側を表示させます

2 地域設定の☑をクリックします

3 地域一覧が表示されました

4 見たい地域を選んでクリックします

> ⚠ ここでは、長野県のテレビ番組表を表示させます

5 スクロールバーをドラッグします

6 選んだ地域のテレビ番組表が表示されました

おわり

Section 27 わからない言葉を辞書で調べよう

●第3章 インターネットを楽しもう

インターネットでは、国語辞書や英和・和英辞書を使って、わからない言葉の意味を調べることができます。

● 操作に迷ったときは……　クリック 17ページ　ドラッグ 18ページ　キー 20ページ　入力 26ページ

国語辞書を使おう

1 アドレスバーをクリックします

2 アドレスを入力します
❗ ここでは、goo（グー）辞書のアドレス「dictionary.goo.ne.jp」を入力しています

3 Enter（エンター）キーを押します

4 国語 をクリックします

84

5 入力欄を**クリック**します

! 日本語入力モードになっているか確認します

6 調べたい言葉を**入力**します

! ここでは、「惑星」について調べています

7 **検索** を**クリック**します

8 検索結果が表示されました

9 検索結果を**クリック**します

10 詳しい内容が表示されました

スクロールバーをドラッグすると、画面の下のほうを見ることができます

次へ

85

英和辞書を使おう

1. 英和・和英 を
クリックします

2. 入力欄を
クリックします

⚠ 半角英数入力モードに
なっているか確認します

3. 調べたい言葉を
入力します

⚠ ここでは、「computer」
について調べています

4. 検索 を
クリックします

5. 表示された
検索結果を
クリックします

6. 詳しい内容が
表示されました

和英辞書を使おう

1. 英和・和英 を クリックします
2. 入力欄を クリックします
   ! 日本語入力モードになっているか確認します
3. 調べたい言葉を 入力します
   ! ここでは、「ハワイ」について調べています
4. 検索 を クリックします
5. 表示された 検索結果を クリックします
6. 詳しい内容が 表示されました

おわり

3章 インターネットを楽しもう

Section 28 インターネットで動画を見よう

●第3章 インターネットを楽しもう

インターネットでは、映画や音楽などの動画を見ることができます。ここでは動画サイトの「YouTube（ユーチューブ）」で、動画を見てみましょう。

● 操作に迷ったときは…… クリック 17ページ　キー 20ページ　入力 26ページ

動画を探して視聴しよう

1. アドレスバーをクリックします

2. アドレスを入力します
   ! ここでは、YouTube（ユーチューブ）のアドレス「jp.youtube.com」を入力しています

3. Enter（エンター）キーを押します

4. YouTubeのページが表示されました
   ! パソコンの状態などで画面は異なります

5 入力欄を クリックします

6 キーワードを 入力します

⚠ ここでは、「東京湾 夜景」を検索しています

7 Enterキーを 押します

⚠ 🔍 をクリックしても検索できます

8 検索結果が 表示されました

9 観たい動画を 選んで クリックします

⚠ 動画の画像、またはタイトルをクリックします

10 動画が 表示されました

次へ

動画を停止・再開しよう

1 ⏸ を クリックします

動画の上にポインターを移動すると、操作ボタンが表示されます

2 動画が停止します

3 ▶ を クリックします

4 動画が再開します

大きな画面で動画を見よう

1 ⬚ を クリックします

2 全画面表示に なりました

3 ESC キーを 押します

4 通常の表示に なりました

おわり

● 第3章 インターネットを楽しもう

Section 29 動画の音量を調節しよう

パソコンで動画を見るときは、音の大きさに注意しましょう。音が大きすぎたり、小さすぎたりしたときは、適切な音量に調節します。

● 操作に迷ったときは…… ドラッグ 18ページ

1 動画を再生しています

2 🔊 にポインター 🖱 を合わせます

操作ボタンを表示するには、ポインターを画面の上に持っていきます

3 音量調節スライダーが表示されました

92

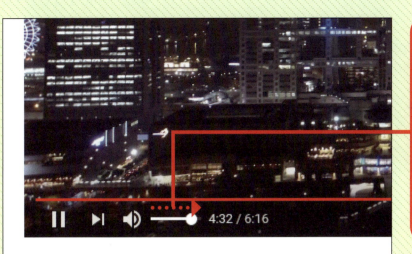

東京湾岸夜景 ドローン空撮 4K

4 右へドラッグ します

> ❗ スライダー以外の場所にポインターを移動すると消えてしまうので注意しましょう

5 音が大きくなりました

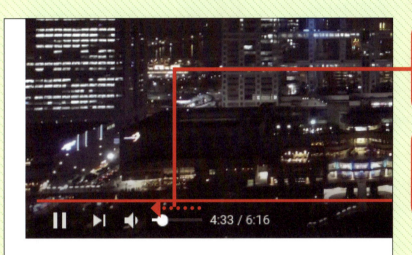

東京湾岸夜景 ドローン空撮 4K

6 左へドラッグします

7 音が小さくなりました

8 一番左までドラッグします

9 ミュート（消音）になりました

東京湾岸夜景 ドローン空撮 4K

スライダーを右方向に動かすと、ミュートは解除されます

おわり

3章 インターネットを楽しもう

●第3章 インターネットを楽しもう

Section 30 インターネットでラジオを聴こう

インターネットではラジオを聴くことができます。仕事や家事をしながら気軽にラジオを楽しむことができます。

● 操作に迷ったときは…… クリック 17ページ　キー 20ページ　入力 26ページ

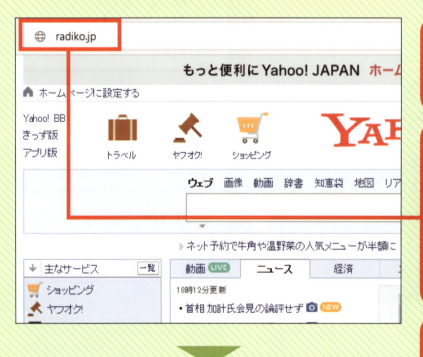

1 アドレスバーをクリックします

2 アドレスを入力します
! ここでは、ラジコのアドレス「radiko.jp」を入力しています

3 Enter キーを押します

4 ラジコのページが表示されました

5 放送局をクリックして選びます

6 現在放送中の番組が表示されます

7 ▶ 再生する を クリックします

8 放送が視聴できます

9 ⏸ 停止する を クリックします

10 視聴が終了します

おわり

● 第3章 インターネットを楽しもう

Section 31 無料のゲームを楽しもう

インターネットでは、無料で楽しめるゲームがたくさんあります。ここではYahoo!（ヤフー）ゲームを楽しんでみましょう。

● 操作に迷ったときは……　クリック 17ページ　ドラッグ 18ページ　キー 20ページ　入力 26ページ

1 アドレスバーをクリックします

2 アドレスを入力します
　! ここでは、Yahoo!（ヤフー）ゲームのアドレス「games.yahoo.co.jp」を入力しています

3 Enter キーを押します

4 ゲームのページが表示されました

5 かんたんゲーム をクリックします

6 ゲームが表示されます

7 遊びたいゲームを探し、今すぐ遊ぶ をクリックします

! ここでは「超定番ソリティア」を選んでいます

スクロールバーをドラッグすると、画面の下の方を見ることができます

8 ゲームのスタート画面が表示されます

9 プレイ ▶ をクリックします

10 ゲームが始まります

おわり

Section 32 無料のメールアドレスを取得しよう

メールアドレスを取得するとメールが使えるようになります。グーグルの無料メールであるGmail（ジーメール）を取得してみましょう。

●操作に迷ったときは……　クリック 17ページ　ドラッグ 18ページ　キー 20ページ　入力 26ページ

1 アドレスバーをクリックします

2 アドレスを入力します
! ここでは、グーグルのアドレス「google.co.jp」を入力しています

3 Enterキーを押します

4 ＜Gmail＞をクリックします

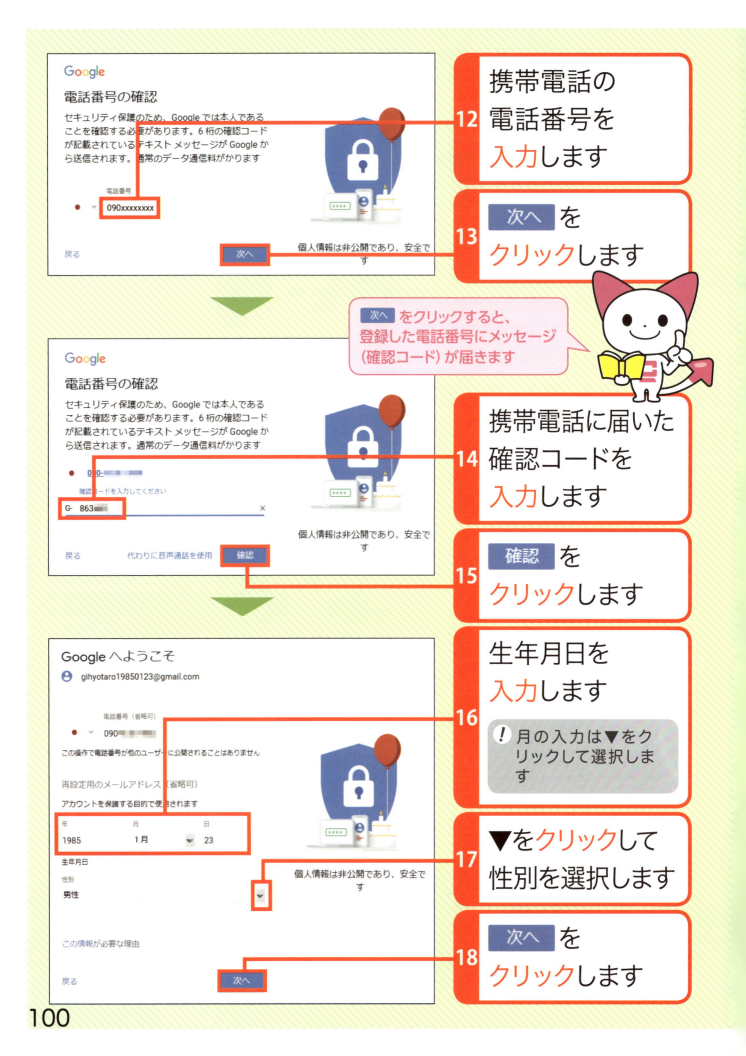

19 プライバシーと利用規約の画面が表示されます

20 スクロールバーを下までドラッグします

21 利用規約を確認し、同意しますをクリックします

22 登録が完了しました

おわり

Column Gmailのアドレス

登録した自分のGmailのメールアドレスは、次のようになります。

ユーザー名@gmail.com

Section 33 メールを作成して送信しよう

●第3章 インターネットを楽しもう

メールの主な基本機能は、作成・送信、受信です。ここでは、練習用のメールを作成して自分宛に送信し、基本機能を身に付けましょう。

●操作に迷ったときは…… クリック **17**ページ　キー **20**ページ　入力 **26**ページ

メールを作成しよう

1 アドレスバーを クリックします

2 アドレスを 入力します
　! ここでは、グーグルのアドレス「google.co.jp」を入力しています

3 Enter（エンター）キーを 押します

4 ＜Gmail＞を クリックします

パソコンの設定などにより、画面は多少異なります

102

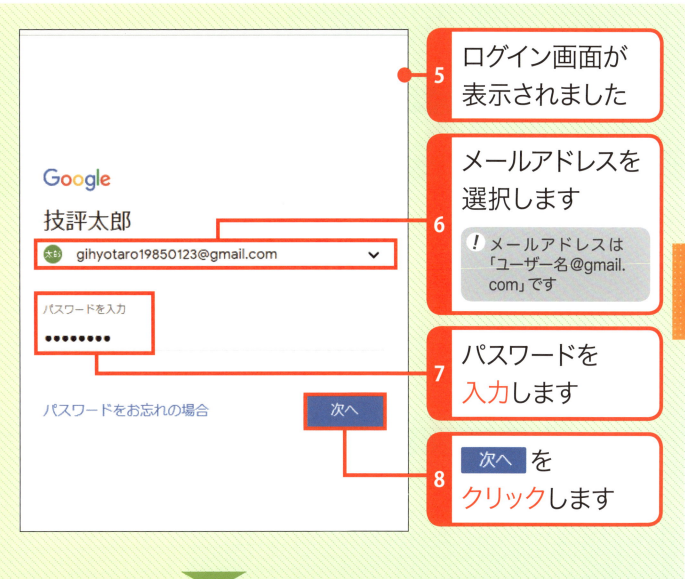

5 ログイン画面が表示されました

6 メールアドレスを選択します

! メールアドレスは「ユーザー名@gmail.com」です

7 パスワードを入力します

8 次へ を クリックします

9 メールの画面が表示されます

10 作成 を クリックします

次へ

103

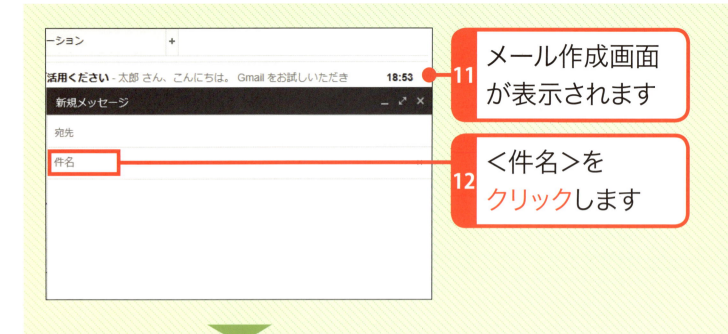

11 メール作成画面が表示されます

12 <件名>をクリックします

13 件名を入力します

！ 日本語を入力する場合は、日本語入力モードにします

14 本文の入力欄をクリックします

15 本文を入力します

！ 日本語を入力する場合は、日本語入力モードにします

メールを送信しよう

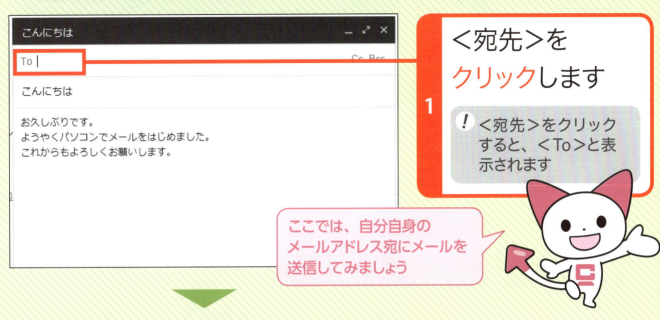

1 <宛先>を クリックします

! <宛先>をクリックすると、<To>と表示されます

ここでは、自分自身のメールアドレス宛にメールを送信してみましょう

2 宛先を 入力します

! 半角英数入力モードにします

3 送信を クリックします

4 メールが 送信できました

おわり

105

Section 34 受信したメールを読もう

●第3章 インターネットを楽しもう

ここでは、相手から送られてきたメールを読む方法を解説します。先ほど105ページで自分宛に送った練習用のメールを読んでみましょう。

●操作に迷ったときは…… クリック 17ページ

1 Gmailの画面を表示します
! 表示されていない場合は、102ページの手順に従ってください

2 <受信トレイ>をクリックします
! すでに受信トレイが表示されている場合もあります

Column 未読のメール数

受信トレイの横には、まだ読んでいないメールの数が表示されます。未読のメールが無い場合は、数は表示されません。

1件の未読メールがあります

3 受信トレイが表示されました

4 先ほど自分宛に送信したメールを**クリック**します

! 太字で表示されているメールは、まだ読んでいないもの（未読）です

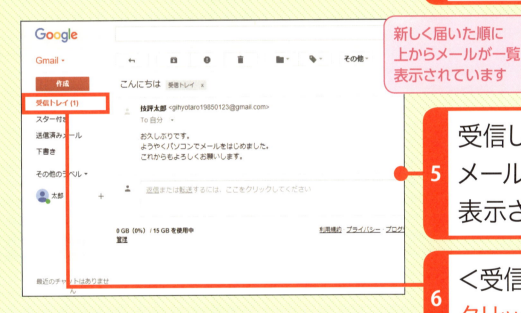

新しく届いた順に上からメールが一覧表示されています

5 受信したメールの内容が表示されました

6 ＜受信トレイ＞を**クリック**します

7 受信トレイが表示されました

! 先ほど未読だったメールが、太字ではなくなっています（既読）

3章 インターネットを楽しもう

おわり

Section 35 メールに返信しよう

●第3章 インターネットを楽しもう

メールを読んだ後、返事を書くことができます。これを「返信」といいます。先ほど106ページで受信したメールに、返事を書いて返信してみましょう。

●操作に迷ったときは…… クリック 17ページ　入力 26ページ

1 Gmailにログインします

! Gmailへのログイン方法は102ページを参照してください

2 ＜受信トレイ＞をクリックします

3 返信したいメールを選んでクリックします

! ここでは、105ページで自分自身宛に送ったメールを選びます

108

4 返信 をクリックします

5 返信画面が表示されます

6 ここをクリックし、メッセージを入力します

! 日本語を入力する場合は、日本語入力モードにします

7 送信 をクリックします

8 メールが送信（返信）されました

元のメッセージと、返信したメッセージが並んで表示されています

3章 インターネットを楽しもう

おわり

Section 36 メールで写真を送ろう

●第3章 インターネットを楽しもう

メールは、写真などを添付して送信することができます。ここでは、写真を添付したメールを送信する方法、メールに添付された写真を見る方法を解説します。

● 操作に迷ったときは…… クリック 17ページ　入力 26ページ

写真を添付してメールを送ろう

1 Gmailにログインします
   ! Gmailへのログイン方法は102ページを参照してください

2 作成 をクリックします

3 メール作成画面が表示されます

4 ファイルを添付 📎 をクリックします

110

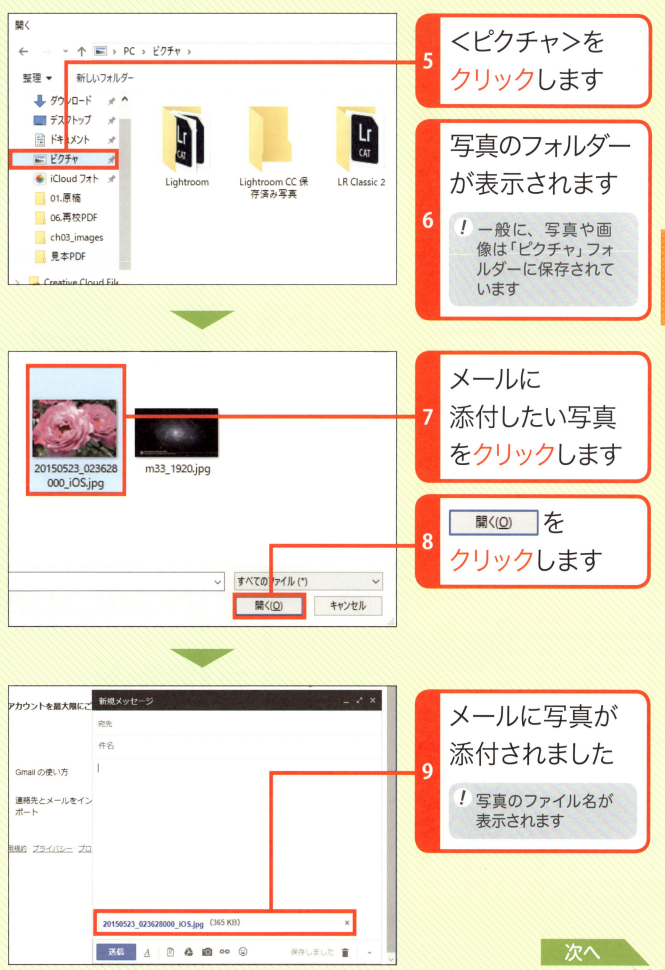

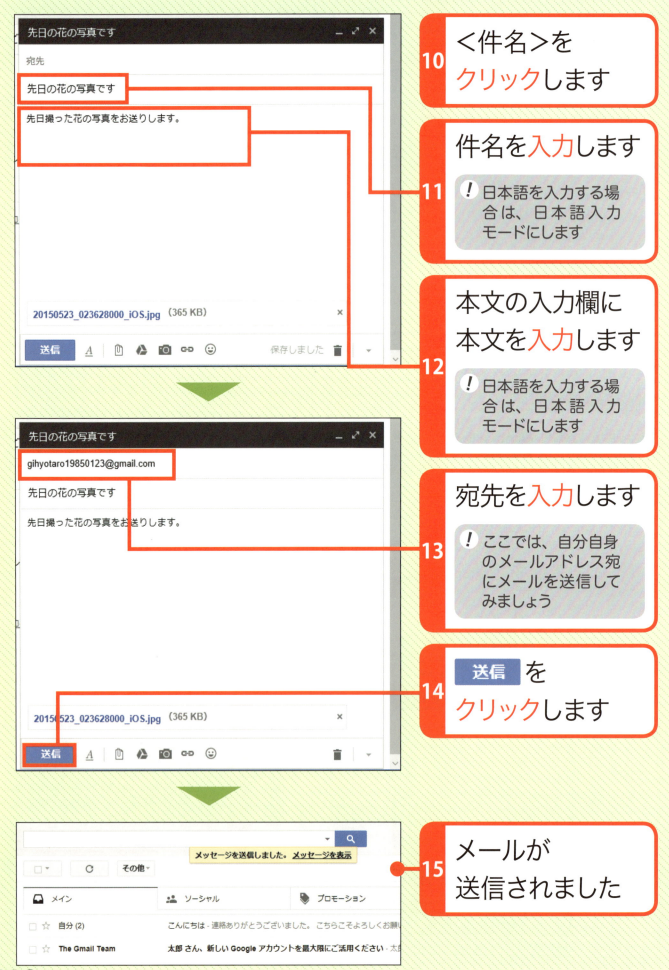

写真が添付されたメールを読もう

1 写真が添付されているメールを開きます

! メールを読む方法に関しては、106ページを参照してください

2 写真をクリックします

3 写真が大きく表示されました

おわり

Column 写真の保存

メールに添付されている写真を保存したい場合、写真の上にポインターを移動し、表示されたをクリックします。写真は「ダウンロード」フォルダーに保存されます。

113

第4章

フェイスブックを楽しもう

インターネットでは、友達と交流・交信を行うためのSNS（ソーシャルネットワーキングサービス）が人気です。ここでは、SNSの中でもとくに人気のある「フェイスブック（Facebook）」の基本的な使い方を紹介します。

Section 37	フェイスブックとは……………………………………… 116
Section 38	フェイスブックに登録しよう ………………………… 118
Section 39	フェイスブックにログインしよう………………………… 122
Section 40	友達を探して友達申請しよう …………………………… 124
Section 41	友達にメッセージを送ろう……………………………… 126
Section 42	タイムラインを切り替えよう …………………………… 128
Section 43	投稿に「いいね！」しよう ………………………………… 130
Section 44	投稿にコメントを書き込もう…………………………… 132
Section 45	自分の近況を投稿しよう………………………………… 134
Section 46	写真付きで投稿しよう …………………………………… 136
Section 47	安全に使うための設定をしよう………………………… 138

114

この章でできるようになること

フェイスブックに投稿することができます！

フェイスブックに自分の近況を投稿してみましょう。写真付きで投稿することもできます

友達とコミュニケーションをとることができます！

メッセージや「いいね！」などの機能を使って、フェイスブックで繋がっている友達とコミュニケーションをとることができます

安全に使うための設定を紹介します！

自分自身のプライバシーを守るための、さまざまな設定について紹介します

Section 37 フェイスブックとは

●第4章 フェイスブックを楽しもう

フェイスブック（Facebook）は世界中で使われているソーシャルネットワーキングサービス（SNS）です。ここでは、フェイスブックについて知りましょう。

フェイスブックの概要

フェイスブック（Facebook）は、世界中で使われているソーシャルネットワーキングサービスです。世界で20億人以上、日本だけでも2,500万人以上が利用しています。

Column ソーシャルネットワーキングサービスとは

インターネット上で、友人どうしなどで交流・交信を行うためのサービスです。フェイスブック以外にも、インスタグラム（Instagram）、ツイッター（Twitter）などさまざまなものがあります。

フェイスブックでできること

●情報の閲覧

友達などが書いた日記や記事を閲覧することができます。

●情報の発信

自分の日記や記事を公開することができます。さらに写真や動画も公開することができます。また、公開する範囲を、友達などの限られた範囲に限定にすることもできます。

●メッセージの送受信

友達どうしでメッセージの送受信をすることができます。

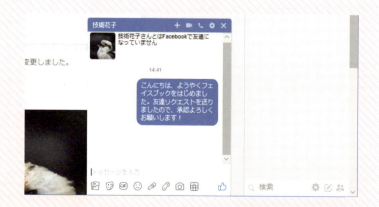

おわり

● 第4章 フェイスブックを楽しもう

Section 38 フェイスブックに登録しよう

フェイスブックを利用するには、フェイスブックに登録して自分のアカウント（ユーザーID）を取得することが必要です。さっそく登録をはじめましょう。

● 操作に迷ったときは…… クリック 17ページ　キー 20ページ　入力 26ページ

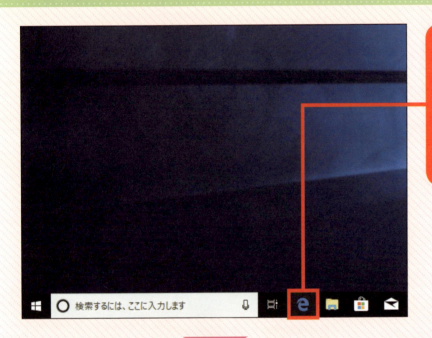

1　マイクロソフトエッジ　**e** を**クリック**します

!　40ページを参照してください

2　フェイスブックのアドレスを**入力**します

!　フェイスブックのアドレスは「www.facebook.com」です

3　エンター　**Enter**キーを押します

118

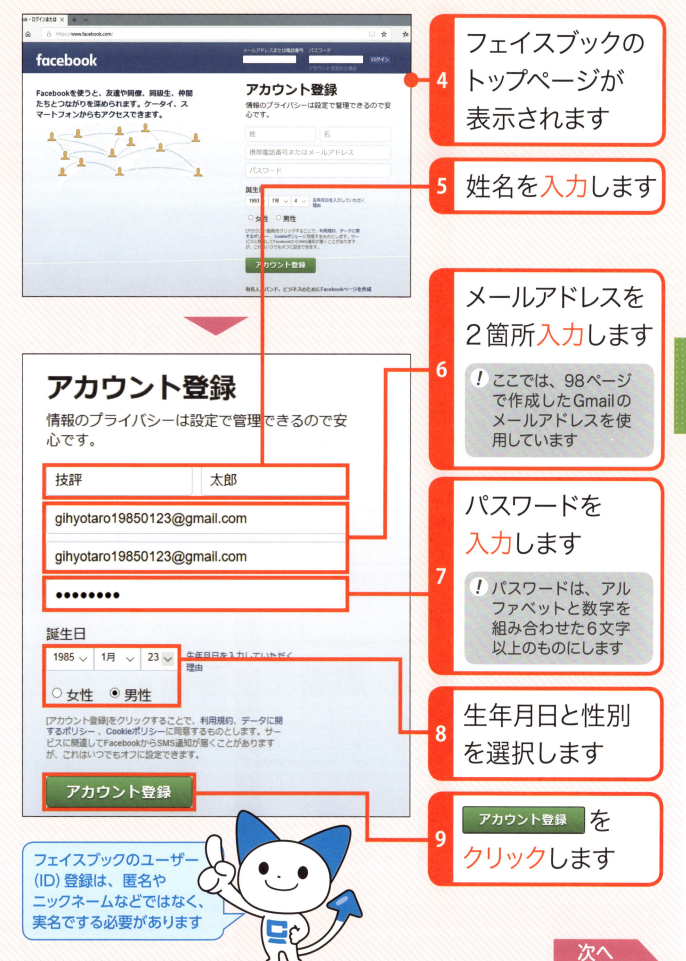

15 フェイスブックを使用できるようになりました

おわり

Column 携帯電話による認証

119ページの手順 では、メールアドレスの代わりに携帯電話の番号で登録することができます。

携帯電話の電話番号を入力します

携帯電話にショートメールで送られてきた5桁の数字を入力します

121

● 第4章 フェイスブックを楽しもう

Section 39 フェイスブックにログインしよう

フェイスブックを使用するときは、ログインを行います。119ページで登録したメールアドレスとパスワードが必要になるので、忘れないようにしましょう。

● 操作に迷ったときは…… クリック 17ページ 入力 26ページ

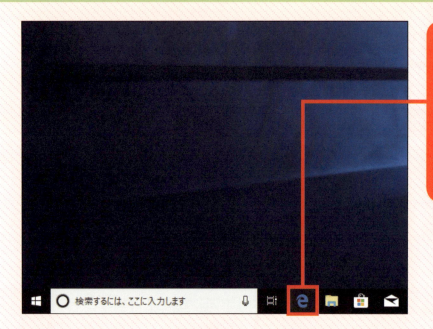

1 マイクロソフトエッジ
e を **クリック**します

！ ブラウザーの起動に関しては40ページを参照してください

2 フェイスブックのアドレスを**入力**します

！ フェイスブックのアドレスは「www.facebook.com」です

122

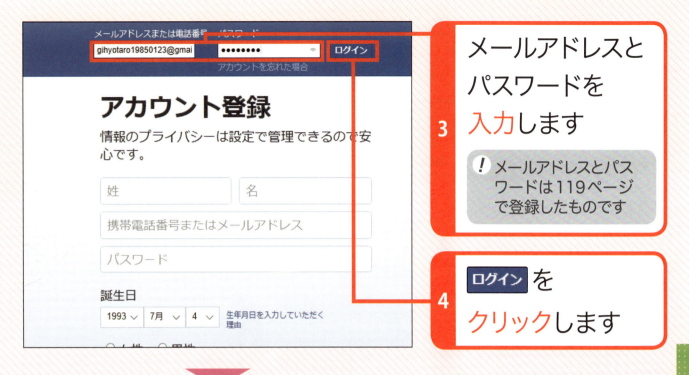

3 メールアドレスとパスワードを入力します

! メールアドレスとパスワードは119ページで登録したものです

4 ログイン をクリックします

5 フェイスブックへのログインが完了しました

! 左と異なる画面が表示された場合は、画面上の＜ホーム＞をクリックしてみましょう

おわり

Column フェイスブックからログアウトするには

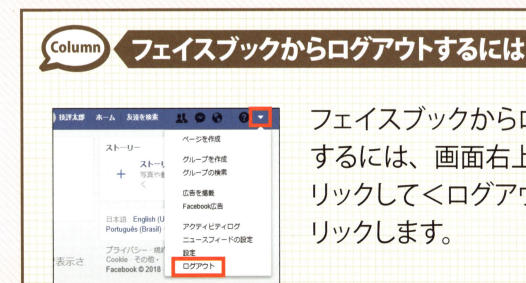

フェイスブックからログアウトするには、画面右上の▼をクリックして＜ログアウト＞をクリックします。

123

●第4章 フェイスブックを楽しもう

Section 40 友達を探して友達申請しよう

フェイスブックで友達になりたい人に友達申請をしてみましょう。フェイスブックには検索機能があり、友達の名前を入力して探すことができます。

●操作に迷ったときは……　クリック **17**ページ　キー **20**ページ　入力 **26**ページ

1 検索欄をクリックします

2 探したい友達の氏名を入力します
　! ここでは「技術花子」を検索しています

3 Enterキーを押します

4 候補が表示されます

5 ＜すべて見る＞をクリックします
　! 候補が他にない場合は、＜すべて見る＞は表示されません

124

6 すべての候補者が表示されます

! 写真（顔写真）を設定していない場合、画像は表示されません

7 をクリックします

8 「友達リクエスト送信済み」と表示されます

相手に承認されると、フェイスブック上で友達になります

おわり

Column 友達申請した後は

友達申請が相手に承認されると、その人の日記や記事などを見ることができるようになります。なお、フェイスブックに投稿した内容を「全体に公開」している人の日記や記事は、友達にならなくても見ることができます。

Section 41 友達にメッセージを送ろう

●第4章 フェイスブックを楽しもう

友達申請をしたときや、友達に何か連絡したいことがあるときは、メッセージを送りましょう。送ったメッセージは、その友達だけが読むことができます。

●操作に迷ったときは……　クリック 17ページ　キー 20ページ　入力 26ページ

1 メッセージを送りたい相手の氏名を入力します
　! ここでは「技術花子」を検索しています

2 Enter キーを押します

3 メッセージを送りたい相手を探し、名前をクリックします
　! 友達の検索方法は、124ページを参照してください

4 相手の
タイムラインが
表示されます

! タイムラインには、日記や記事が新しい順に表示されます

5 メッセージ を
クリックします

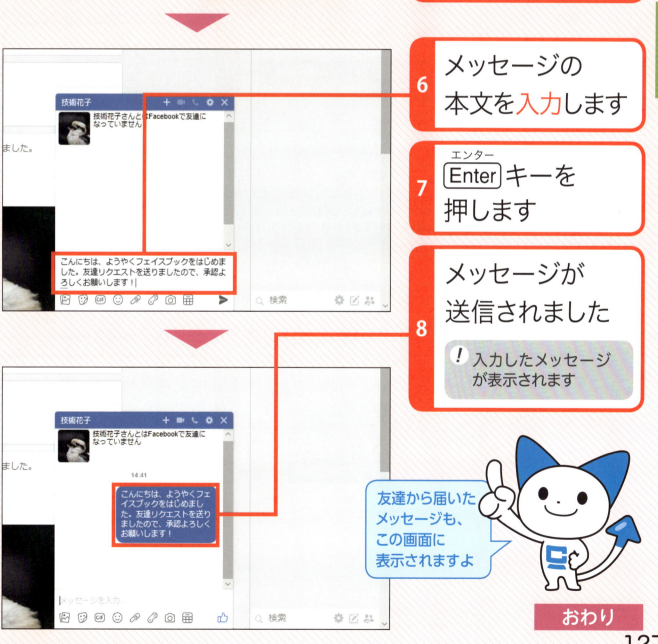

6 メッセージの
本文を入力します

7 Enterキーを
押します

8 メッセージが
送信されました

! 入力したメッセージが表示されます

友達から届いた
メッセージも、
この画面に
表示されますよ

おわり

4章 フェイスブックを楽しもう

127

Section 42 タイムラインを切り替えよう

●第4章 フェイスブックを楽しもう

自分の投稿は自分のタイムラインに、友達が投稿した内容はホームのタイムラインに表示されます。タイムラインの切り替え方を覚えましょう。

● 操作に迷ったときは……　クリック 17ページ

自分のタイムラインを表示しよう

1 自分の名前を クリック します

2 自分のタイムラインが表示されます

! 自分のタイムラインには、自分が投稿した内容が表示されます

ホームのタイムラインを表示しよう

1 <ホーム>を クリックします

2 友達の投稿が タイムラインに 表示されます

! ホームのタイムラインには、友達が投稿した内容が表示されます

おわり

Column 特定の友達のタイムラインを表示しよう

特定の友達のタイムラインを表示させることもできます。

1 自分のタイムライン画面で、友達を選んでクリックします

2 友達のタイムラインが表示されました

● 第4章 フェイスブックを楽しもう

Section 43 投稿に「いいね!」しよう

気に入った投稿があったら「いいね!」をしてみましょう。「いいね!」にはいろいろな種類が用意されているので、内容に合わせて使い分けられます。

● 操作に迷ったときは……　クリック 17ページ　ドラッグ 18ページ

1 友達の
タイムラインを
表示します

! 友達のタイムラインの表示方法は129ページを参照してください

2 スクロールバーを
ドラッグします

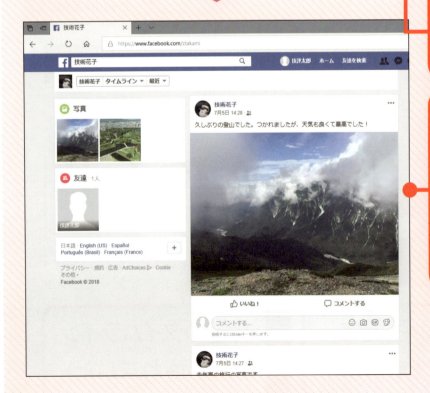

3 見たい記事が
表示されました

! 過去の記事ほど下にあるので、スクロールする必要があります

130

4 👍 いいね！ を クリックします

5 「いいね！」が完了しました

! 「いいね！」をすると色が変わります

間違って「いいね！」をクリックした場合、もう一度クリックすれば「いいね！」を取り消すことができます！

おわり

Column 「いいね！」の種類

「いいね！」の種類にはさまざまなものがあります。「いいね！」の上にマウスポインター重ねると、下の画面が表示されます。記事の内容などによって使い分けてみましょう。

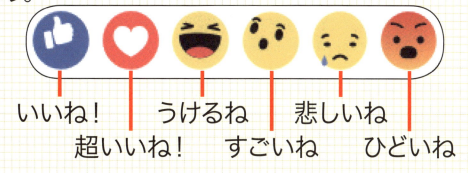

いいね！　うけるね　悲しいね
超いいね！　すごいね　ひどいね

●第4章 フェイスブックを楽しもう

Section 44 投稿にコメントを書き込もう

友達の投稿にコメントを書き込んでみましょう。コメントは、記事の下にあるコメント入力欄に入力します。

● 操作に迷ったときは…… クリック **17**ページ キー **20**ページ 入力 **26**ページ

1 友達のタイムラインを表示します

! タイムラインの表示方法に関しては129ページを参照してください

2 スクロールバーをドラッグします

3 コメントを書きたい記事を表示します

! 過去の記事ほど下にあるので、スクロールする必要があります

132

4 コメント欄を クリックします

5 コメントを 入力します

6 Enter キーを 押します

! コメントや投稿を改行したいときは、Shift キーを押しながら Enter キーを押します

7 コメントが 入力されました

おわり

Column コメントを削除しよう

自分で書いたコメントは、次の手順で削除することができます。

1 ... をクリックします

2 ＜削除＞を クリックします

3 ＜削除＞を クリックします

4章 フェイスブックを楽しもう

Section 45 自分の近況を投稿しよう

●第4章 フェイスブックを楽しもう

最近の出来事や、友達に知らせたいことを投稿してみましょう。投稿した内容は、あとから編集したり削除したりできます。

●操作に迷ったときは…… クリック **17**ページ 入力 **26**ページ

1 自分のタイムラインを表示します
! 自分のタイムラインは128ページを参考に表示してください

2 「今なにしてる?」をクリックします

3 投稿したい内容を入力します

4 [友達▼]をクリックします

この投稿を誰が見ることができるかを設定します。通常は「友達」のままでいいでしょう

134

5 誰がこの投稿を見ることができるか、クリックして選択します

！ ここでは「友達」を選択しています

6 <投稿する>をクリックします

7 投稿した内容がタイムラインに表示されました

おわり

Column 投稿を削除しよう

間違えて投稿してしまった場合などは、自分の投稿を削除することができます。次の手順で操作しましょう。

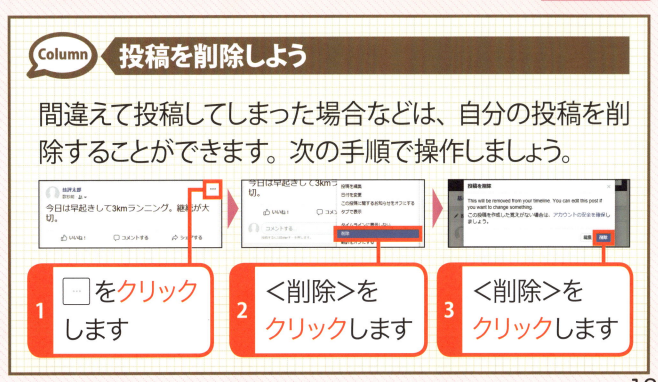

1 □をクリックします

2 <削除>をクリックします

3 <削除>をクリックします

4章 フェイスブックを楽しもう

135

Section 46 写真付きで投稿しよう

●第4章 フェイスブックを楽しもう

自分のタイムラインに写真付きで記事を投稿してみましょう。写真付きで投稿すると、相手に情報をよりわかりやすく伝えることができます。

●操作に迷ったときは……　クリック 17ページ　入力 26ページ

1 自分のタイムラインを表示します

！ 自分のタイムラインは128ページを参考に表示してください

2 「今なにしてる？」をクリックします

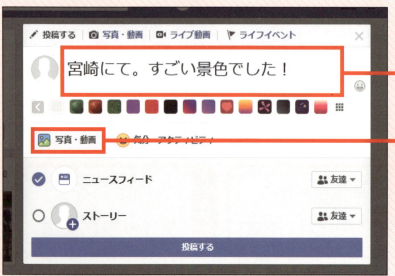

3 投稿したい内容を入力します

4 「写真・動画」をクリックします

5 写真がある
フォルダーを
クリックします

6 投稿したい写真
をクリックします

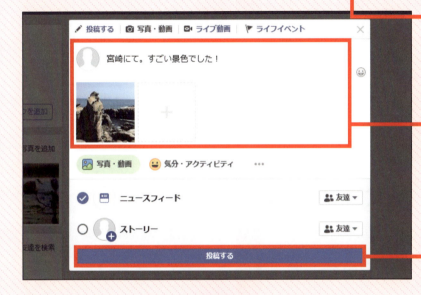

7 ＜開く＞を
クリックします

8 入力した内容と
選択した写真が
表示されます

9 投稿する を
クリックします

投稿を公開する
範囲を選ぶことも
できますよ

10 投稿した内容が
タイムラインに
表示されました

おわり

137

Section 47 安全に使うための設定をしよう

投稿した記事の公開範囲は、投稿時に設定することができます。それ以外にも、自分のプライバシーを守るためのさまざまな設定ができます。

● 第4章 フェイスブックを楽しもう

● 操作に迷ったときは…… クリック 17ページ

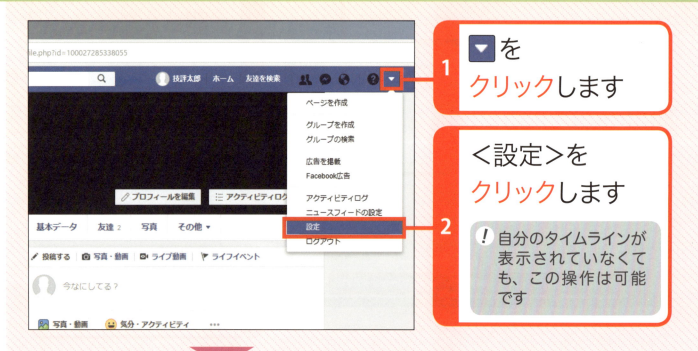

1 ▼を クリックします

2 <設定>を クリックします

! 自分のタイムラインが表示されていなくても、この操作は可能です

3 <プライバシー>を クリックします

プライバシー設定とツール

アクティビティ	今後の投稿の共有範囲	友達 —1	編集する
	自分のすべての投稿と自分がタグ付けされたコンテンツを確認		アクティビティログを使用
	友達の友達とシェアまたは公開でシェアした投稿の共有範囲を変更		過去の投稿を制限
検索と連絡に関する設定	私に友達リクエストを送信できる人	全員 —2	編集する
	友達リストのプライバシー設定	公開 —3	編集する
	メールアドレスを使って私を検索できる人	全員 —4	編集する
	電話番号を使って私を検索できる人	全員 —5	編集する
	Facebook外の検索エンジンによるプロフィールへのリンクを許可しますか？	はい —6	編集する

❶ 投稿の共有範囲

投稿した記事が公開される範囲を設定します。

❷ 自分への友達リクエスト

自分に対して友達リクエストを送ることができる相手を限定します。「全員」や「友達の友達」などを選びます。

❸ 友達リストの公開範囲

自分の友達リストを誰が見ることができるかを設定します。

❹ メールアドレスでの検索

登録したメールアドレスを使って自分を検索できる人を限定します。

❺ 電話番号での検索

登録した電話番号を使って自分を検索できる人を限定します。

❻ プロフィールの外部への公開

Googleでの検索結果に、自分のプロフィールへのリンクを表示するかどうか設定します。

おわり

第5章

インターネットを
もっと便利に使おう

ブラウザーの便利な使い方を覚えておくと、さらに快適にインターネットを利用できるようになります。この章では、好きなページを登録しておくための「お気に入り」機能や、ページの拡大／縮小方法、ページを印刷する方法などを解説します。

Section 48	お気に入りに登録しよう ………………………………… 142
Section 49	お気に入りからページを表示しよう …………………… 144
Section 50	お気に入りを削除しよう ………………………………… 146
Section 51	よく利用するページを表示しよう……………………… 148
Section 52	ページを拡大／縮小表示しよう ……………………… 150
Section 53	ページを新しいタブに表示しよう ……………………… 152
Section 54	タブを追加しよう／閉じよう ……………………… 154
Section 55	インターネットのページを印刷しよう …………………… 156

この章でできるようになること

好きなページをお気に入りに登録できます！

好きなページや頻繁に使うページは、ブラウザーのお気に入りに登録しておきましょう

よく訪れるページを簡単に見られます！

よく訪れるページは、ブラウザーにアドレス（URL）を入力しなくても簡単に見ることができますよ

ブラウザーの便利な機能を覚えられます！

文字が小さいページを拡大して表示したり、お気に入りのページを印刷したりすることもできます

Section 48 お気に入りに登録しよう

よく利用するページを「お気に入り」のページとして登録しておくと、アドレスを毎回入力する手間が省けて便利です。

● 操作に迷ったときは…… クリック 17 ページ

お気に入りに登録しよう

1. お気に入りに登録したいページを開きます
   ! ここでは、お気に入りにグーグルのページを登録します

2. お気に入りに追加 ☆ をクリックします

3. 名前が「Google」になっていることを確認します

4. 追加 をクリックします

好きな名前に変えることもできますよ

お気に入りの内容を確認しよう

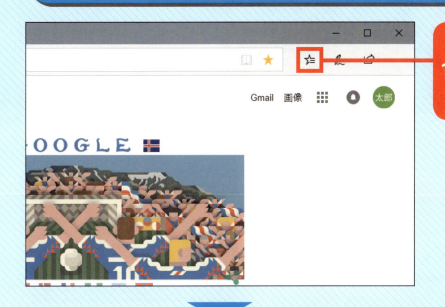

1. ハブ ☆≡ を クリックします

2. お気に入り ☆ を クリックします

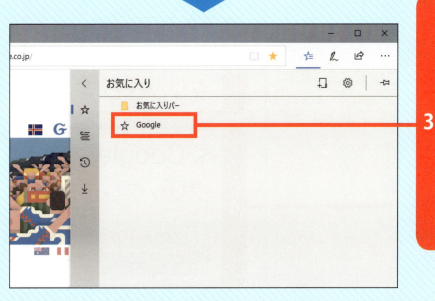

3. お気に入りに登録されているページが表示されました

！ 142ページで登録したページ（Google）がここに表示されます

おわり

Section 49 お気に入りからページを表示しよう

●第5章 インターネットをもっと便利に使おう

「お気に入り」に登録したページを開く方法を学びましょう。一度登録してしまえば、アドレスを入力する必要がないのでとても簡単に表示できます。

●操作に迷ったときは……　クリック 17ページ　右クリック 17ページ

お気に入りからページを表示しよう

1. マイクロソフトエッジを表示します

2. ハブ ⭐ をクリックします

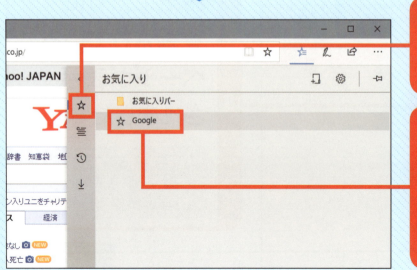

3. お気に入り ☆ をクリックします

4. ＜Google＞をクリックします

! 142ページで登録したグーグルのページです

144

5 グーグルの ページが 表示されました

新しいタブにページを表示しよう

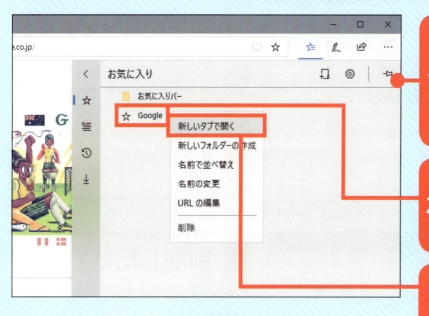

1 ＜お気に入り＞画面を表示します

2 ＜Google＞を右クリックします

3 ＜新しいタブで開く＞をクリックします

4 新しいタブにページが表示されました

タブをクリックしてページを切り替えましょう！

おわり

145

Section 50 お気に入りを削除しよう

●第5章 インターネットをもっと便利に使おう

「お気に入り」に登録したページは、削除することができます。あまり利用しなくなったページは、削除しておきましょう。

●操作に迷ったときは…… クリック 17ページ　右クリック 17ページ

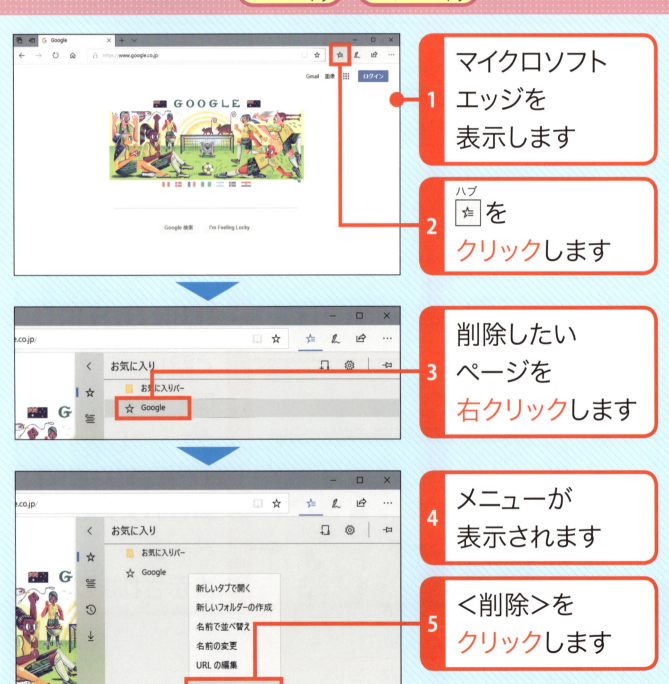

1 マイクロソフトエッジを表示します

2 ハブ ☆≡ を クリックします

3 削除したいページを 右クリックします

4 メニューが表示されます

5 <削除>を クリックします

146

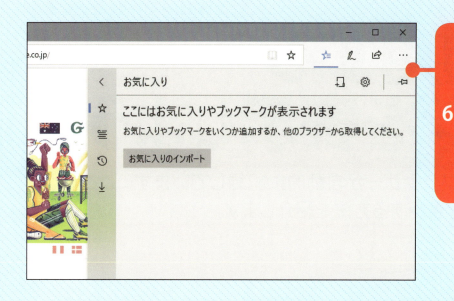

6 お気に入りから削除されました

! ブラウザー画面の余白をクリックすると、元の画面に戻ります

おわり

> **Column** お気に入りを整理する他の方法

お気に入りを削除するのではなく、名前を変えたり、フォルダーを作成して整理することもできます。

●お気に入りの名前を変える

146ページ手順4で表示されたメニューから＜名前の変更＞をクリックします。

●フォルダーを作成する

146ページ手順4で表示されたメニューから＜新しいフォルダーの作成＞をクリックして、名前を入力します。お気に入りをドラッグすると、作成したフォルダーへ移動することができます。

Section 51

よく利用する
ページを表示しよう

●第5章 インターネットをもっと便利に使おう

よく利用するページは、ブラウザーが自動的に記録しています。ここでは、よく利用するページを一覧表示する方法を紹介します。

● 操作に迷ったときは…… クリック 17 ページ

トップサイトを表示しよう

1 マイクロソフトエッジを表示します

2 新しいタブ ＋ を クリックします

3 新しいタブが表示されました

4 「トップサイト」のページを選んでクリックします

！ ヤフーのページを表示します

5 ヤフーの
ページが
表示されました

よく利用するページをトップサイトに固定しよう

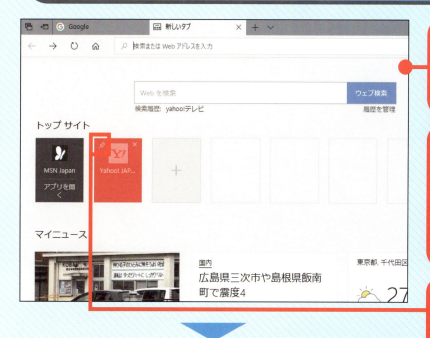

1 トップサイトを表示します

2 固定表示したいページの上にポインターを移動します

3 このサイトを固定 📌 をクリックします

4 ヤフーのページが常にトップサイトに表示されるようになりました

📌をクリックすると、固定表示を解除できます！

おわり

Section 52

ページを拡大／縮小表示しよう

●第5章 インターネットをもっと便利に使おう

ブラウザーには、ページの内容を拡大／縮小して表示する機能が備わっています。小さな文字で見にくい場合は、拡大表示してみましょう。

●操作に迷ったときは…… クリック 17ページ

1 設定など … を クリックします

2 拡大 ＋ を クリックします

！中央の数字は、現在の拡大率です

Ctrl キーを押しながらマウスのホイールを回しても拡大／縮小表示ができます

150

3 ページが拡大表示されました

! 拡大率が125%になっています

4 縮小 ─ をクリックします

5 ページが縮小表示されました

ブラウザーの何もない箇所をクリックすると、メニューを閉じることができます！

おわり

●第5章 インターネットをもっと便利に使おう

Section 53 ページを新しいタブに表示しよう

マイクロソフトエッジでは、複数のページを同時に表示することができます。リンク先のページを新しいタブに表示してみましょう。

●操作に迷ったときは……　クリック 17ページ　右クリック 17ページ

1 リンクの上で**右クリック**します

! ここでは＜天気＞を右クリックします

2 メニューが表示されました

3 ＜新しいタブで開く＞を**クリック**します

4 新しいタブが表示されました

！ この時点では、まだ元のタブが表示されたままです

5 タブをクリックします

6 リンク先のページが表示されました

おわり

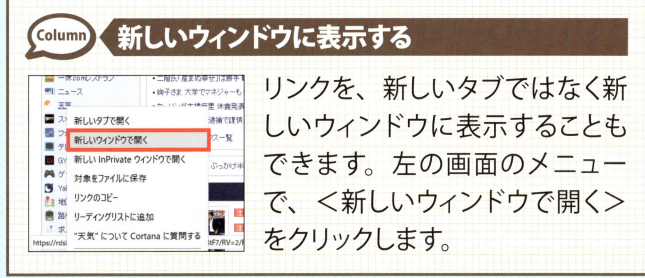

Column 新しいウィンドウに表示する

リンクを、新しいタブではなく新しいウィンドウに表示することもできます。左の画面のメニューで、＜新しいウィンドウで開く＞をクリックします。

153

●第5章 インターネットをもっと便利に使おう

Section 54 タブを追加しよう／閉じよう

タブは、新たに追加することができます。また、不要になったタブは閉じておくと、パソコンの負荷を減らすことができます。

● 操作に迷ったときは…… クリック 17ページ

タブを追加しよう

1 マイクロソフトエッジを表示します

2 新しいタブ ＋ をクリックします

3 新しいタブが表示されました

タブを閉じよう

1 2つのタブが表示されています

2 タブを閉じる ✕ をクリックします

3 タブが閉じました

タブの操作にはもう慣れましたか?

おわり

> **Column タブをすべて閉じると……**
>
> マイクロソフトエッジに表示されているタブをすべて閉じると、マイクロソフトエッジが終了します。

Section 55 インターネットのページを印刷しよう

●第5章 インターネットをもっと便利に使おう

インターネットのページは印刷することができます。ページを印刷してみましょう。なお、プリンターがきちんとパソコンに接続されている必要があります。

●操作に迷ったときは…… クリック 17ページ　入力 26ページ

1 設定など … を クリックします

2 メニューが表示されました

3 ＜印刷＞を クリックします

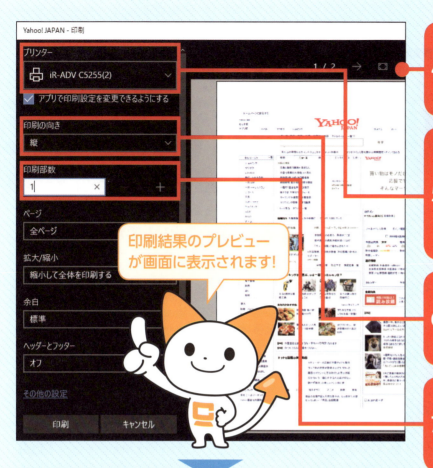

4 <印刷>画面が表示されます

5 プリンターを選んでクリックします

6 印刷の向きを選択します

7 印刷する部数を入力します

8 <印刷>をクリックします

おわり

Column 印刷イメージを確認する

印刷したいページが複数枚にわたる場合は、印刷結果のプレビューの上にページ番号が表示されます。をクリックすると次のページを、←をクリックすると前のページを確認することができます。

第6章

インターネットの
トラブルを未然に防ごう

便利なインターネットですが、気を付けて利用しないと思わぬトラブルに巻き込まれることがあります。また、接続できないなどの問題が起きて困ることもあるでしょう。ここでは、個人情報の取り扱い、詐欺サイトなど、よくあるトラブルの解決策や防止策を紹介します。

Section 56	インターネットに繋がらないときは………………………… 160
Section 57	ダウンロードができないときは ………………………… 161
Section 58	ダウンロードしたファイルはどこにある？ ………… 162
Section 59	個人情報の取り扱いには注意しよう ……………… 163
Section 60	インターネットでの買い物は安全？ ……………… 164
Section 61	詐欺サイトや架空請求に注意しよう……………… 165
Section 62	ウィルスメールに気を付けよう ………………… 166
Section 63	迷惑メールを何とかしたい ……………………… 167
Section 64	パスワードを忘れてしまったときは……………… 168

この章でできるようになること

ダウンロードのトラブルを解決します！

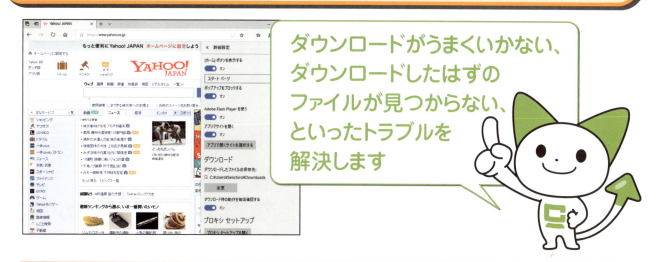

ダウンロードがうまくいかない、ダウンロードしたはずのファイルが見つからない、といったトラブルを解決します

迷惑メールや詐欺サイトへの対策がわかります！

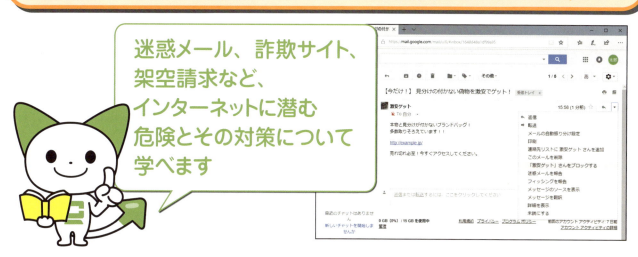

迷惑メール、詐欺サイト、架空請求など、インターネットに潜む危険とその対策について学べます

パスワードを再設定する手順がわかります！

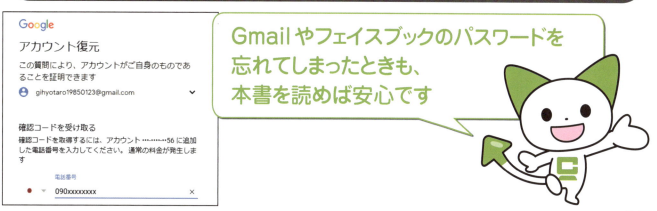

Gmailやフェイスブックのパスワードを忘れてしまったときも、本書を読めば安心です

Section 56 インターネットに繋がらないときは

インターネットに繋がらない原因にはさまざまなものがあります。ユーザー側が原因であれば自分でも確認できます。

インターネットに繋がらない原因は、ユーザー側の要因と相手側の要因に大きく分けられます。

ユーザー側の要因で多いものとして、LANケーブルが外れていることや、無線LANルーターの電源が入っていないことなどが考えられます。最初にこれらを確認しましょう。また、ソフトウェアの不調が原因の場合もありますので、パソコンを再起動するのも有効です。

一方、相手側の要因としては、相手側のページが停止している場合や、ページのアドレス(URL)が変更された場合、ページがすでに廃止されてしまった場合などがあります。

LANケーブルが抜けていないか確認しましょう

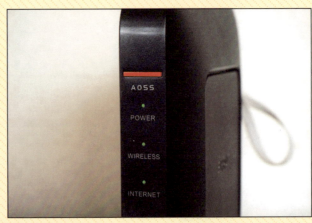

無線LANルーターの電源ランプは正しく点灯していますか

おわり

Section 57 ダウンロードができないときは

ファイルがうまくダウンロードできない場合は、ブラウザーの設定を確認してみましょう。

ファイルがダウンロードできない場合は、いくつかの原因が考えられます。たとえば、ブラウザーのポップアップがブロックされている、ファイルのダウンロード先が変更されていて、ダウンロードされたファイルの場所がわからないといったことが考えられます。

以下は、マイクロソフトエッジを利用している場合の確認方法です。 をクリックして、＜ポップアップをブロックする＞と＜ダウンロードしたファイルの保存先＞を確認し、必要に応じて変更しましょう。

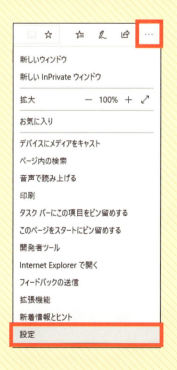
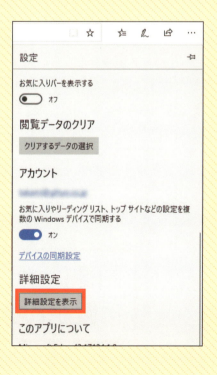
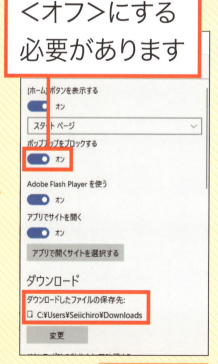

＜オフ＞にする必要があります

おわり

●第6章 インターネットのトラブルを未然に防ごう

Section 58 ダウンロードしたファイルはどこにある？

ソフトウェアや画像などをインターネットを利用してダウンロードしたときにファイルが保存される場所を把握しておきましょう。

インターネットからダウンロードしたファイルは、一般には「ダウンロード」フォルダーに保存されます。「ダウンロード」フォルダーの内容は、タスクバーの▢をクリックしてエクスプローラーを起動すると表示できます。
また、写真などの画像ファイルは「ピクチャ」フォルダーにダウンロード（保存）される場合もあります。フォルダーをダブルクリックすると中身を見ることができます。

＜PC＞をクリックします

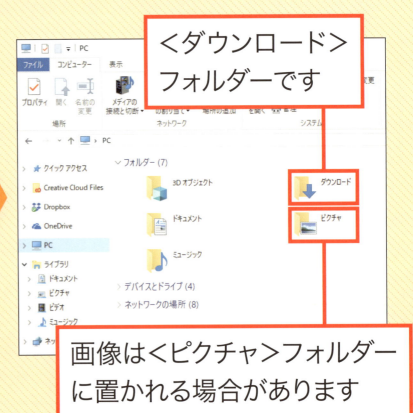

＜ダウンロード＞フォルダーです

画像は＜ピクチャ＞フォルダーに置かれる場合があります

おわり

162

Section 59 個人情報の取り扱いには注意しよう

●第6章 インターネットのトラブルを未然に防ごう

> インターネットはさまざまな人が閲覧しています。インターネットにおける個人情報の取り扱いには注意が必要です。

インターネットでは、個人情報の管理に注意が必要です。とくに、氏名、住所、電話番号など個人が特定されるものはむやみに書き込まないようにしましょう。自分の情報はもちろん、家族や友人などの情報に関しても同様です。

インターネットに書き込んだ情報は、不特定多数の人に見られています

また、写真や動画などに関しても注意が必要です。たとえ個人的なものであっても、個人情報の漏洩に繋がる可能性があります。また、他人のものや公のものも、著作権や肖像権の侵害となる場合があるので注意してください。

フェイスブックに投稿した写真の景色などから、自宅の場所が特定されてしまうこともあります！

おわり

●第6章 インターネットのトラブルを未然に防ごう

Section 60
インターネットでの買い物は安全？

ネットショッピングは、時間が限られている場合や急いでいる場合にとても便利です。ネットショッピングは安全に気を付けて行いましょう。

ネットショッピングに関しては、大手の公式サイトを利用する場合はまず安心です。アドレス（URL）を確認し、なるべくトップページにアクセスするようにしましょう。

支払い方法に関しては、現金振り込み、カード決済などを選択できる場合があります。クレジットカード情報を登録するのが不安な場合は、現金振り込みを選択すると良いでしょう。

Column 主なネットショップ

ネットショップとしては、世界的なシェアを持つ「アマゾン」、国内で広く利用されている「楽天」などが有名です。

アマゾン（amazon.co.jp）

楽天（rakuten.co.jp）

おわり

Section 61

●第6章 インターネットのトラブルを未然に防ごう

詐欺サイトや架空請求に注意しよう

インターネットでは、国内・国外を問わずさまざまな詐欺サイトに出くわす可能性があります。怪しいと思うサイトからはすぐに退去しましょう。

詐欺サイトには、クレジットカードの番号などの個人情報を入力させるタイプ、支払いを要求するタイプがあります。メールで偽のサイトに誘導し、個人情報を盗み取ろうとする例も多数あります。

「登録情報やパスワードを変更してください」
といったメールが届いた場合、
それが本物のメールかどうか、
しっかり確認することが大切です

心当たりのないサイトやメールに記載された連絡先に対し、決して指示に従って個人情報を入力したり、お金を振り込んだりしないようにしましょう。

身に覚えのない「ご登録ありがとうございました」
といった画面が表示された場合、
架空請求の可能性が高いです。
慌てて「取り消しはこちら」などのリンクを
クリックしたり、指示に従ったりせず、
無視してページを閉じましょう

おわり

Section
62 ウィルスメールに気を付けよう

● 第6章 インターネットのトラブルを未然に防ごう

コンピュータウィルスにはメールを介しても感染することがあります。心当たりのないメールは開かないようにしましょう。

コンピューターウィルスの種類としては、パソコンの機能に悪影響をもたらすもの、個人情報などを抜き取るものなどさまざまなものがあります。

コンピューターウィルスの中には、メールを開いただけで感染するタイプも存在しています。心当たりのない相手からのメールは開かないようにしましょう。添付ファイルのあるメールはとくに注意が必要です。

Column ▶ メールソフトやウィンドウズは常に最新の状態に

多くのウィルスは、メールソフトやウィンドウズの不具合を巧みに利用して、個人情報を盗み取ったり、パソコンの動作を不安定にしたりします。こういった不具合は、発見次第すぐに修正され、インターネットを経由して更新される設定になっている場合がほとんどです。メールソフトやウィンドウズを、不具合が修正された最新の状態に常に保つことが大切です。

おわり

●第6章 インターネットのトラブルを未然に防ごう

Section 63 迷惑メールを何とかしたい

迷惑メールが多いと、必要なメールを見つける妨げになることがあります。迷惑メールで困った場合は、ブロックすることができます。

メールを使用していると、迷惑メールが送られてくることがあります。迷惑メールが多いと、探したいメールをすぐに見つけられないなどの問題を引き起こします。
Gmailの場合、ブロックしたいメールを選んで、ブロックすることができます。迷惑メールに困った場合はブロックしましょう。
ブロックするには、迷惑メールを表示した状態で ▼ をクリックします。表示されたメニューから＜「○○」さんをブロックする＞をクリックします。

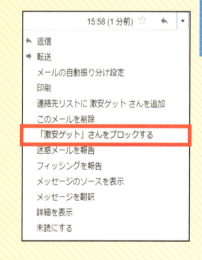

おわり

167

Section **64** パスワードを忘れてしまったときは

●第6章 インターネットのトラブルを未然に防ごう

パスワードを忘れてしまうと、パソコンや各種サービスなどが利用できなくなってしまいます。パスワードは忘れないようにすることが大切です。

●操作に迷ったときは…… クリック 17ページ　キー 20ページ　入力 26ページ

パスワードリセットディスクを作成しよう

1 スタート ⊞ を クリックします

2 Windows システム ツール を クリックします

3 コントロール パネル を クリックします

4 <ユーザーアカウント>を クリックします

! ウィンドウズ10にサインイン（23ページ）するためのパスワードを忘れてしまったときに使うディスクを作成します

168

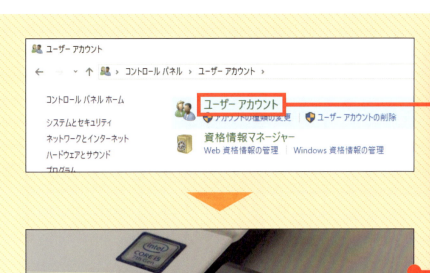

5 <ユーザーアカウント>を クリック します

6 USBメモリーを パソコンに 接続します

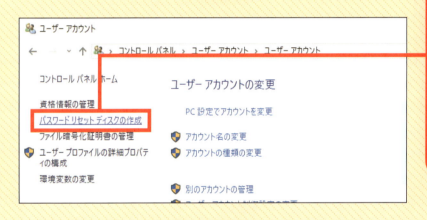

7 <パスワードリセットディスクの作成>を クリック します

! 以降は、画面に表示される指示に従って作業を行います

次へ

Column パスワードリセットディスクの使い方

パソコンに、パスワードリセットディスクの入ったUSBメモリーを接続し、パソコンの電源を入れます。パスワード欄には何も入力せず Enter キーを押して、入力欄の下に表示される<パスワードのリセット>をクリックします。その後は、表示される指示に従い作業を行います。

Microsoftアカウントを使用している場合は、下記のURLにアクセスし、パスワードをリセットします
https://account.live.com/password/reset

Gmailのパスワードを再設定しよう

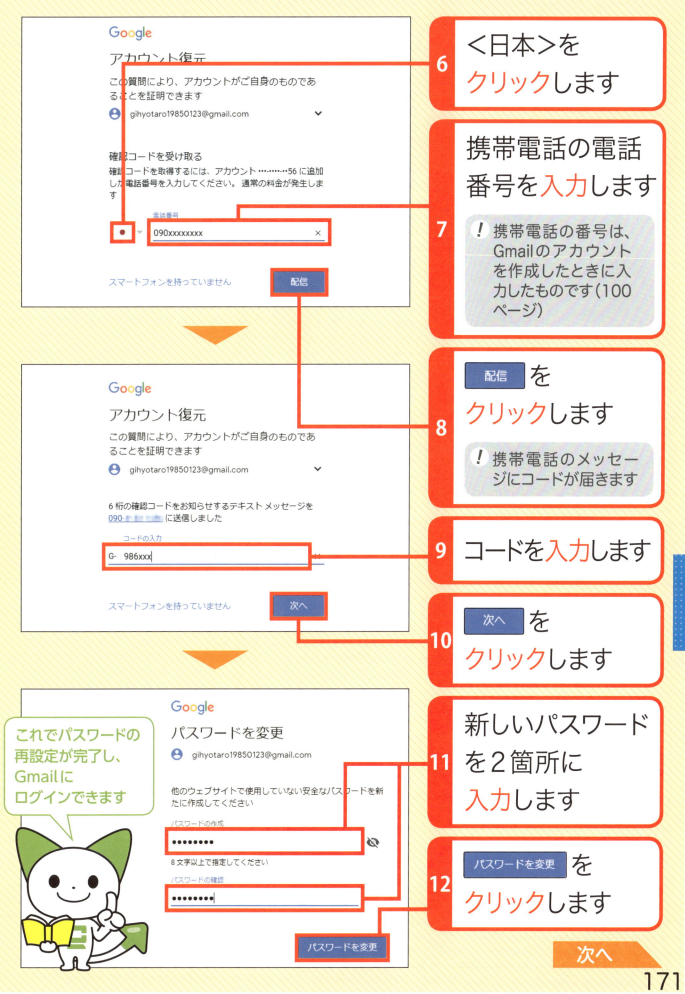

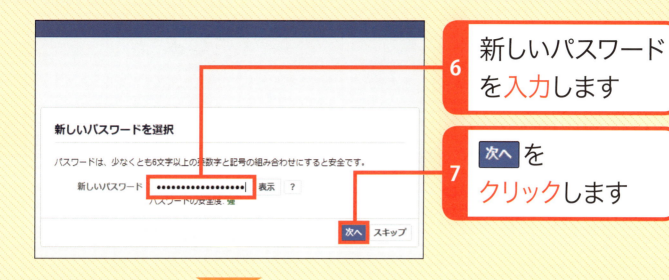

6 新しいパスワードを入力します

7 次へ をクリックします

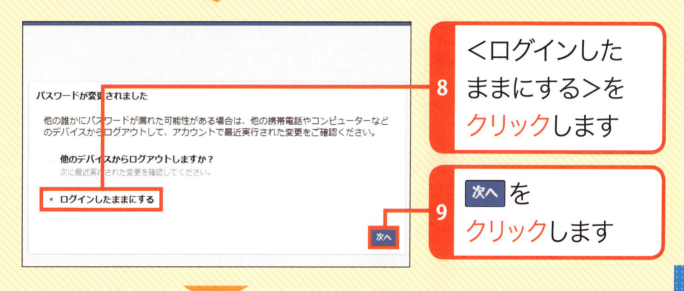

8 <ログインしたままにする>をクリックします

9 次へ をクリックします

10 フェイスブックにログインできました

これでパスワードの再設定は完了です！

おわり

INDEX 索引

英字

AND検索	61
BackSpaceキー	20
Ctrlキー	20
Deleteキー	20
Enterキー	20
Escキー	20
Facebook	116
Gmail	98
OR検索	61
Shiftキー	20
YouTube	88

あ 行

アドレスバー	42, 44
いいね!	130
印刷	156
ウィルスメール	166
ウィンドウズキー	20
英和辞書	86
お気に入り	142

か 行

架空請求	165
拡大	150
かな入力	28
キーボード	12, 13, 20
記号	33
起動	22
共有	42
グーグルマップ	64
クリック	17
経路	70
ゲーム	96

検索	56, 58, 60
国語辞書	84
個人情報	163
ごみ箱	24
コメント	132

さ 行

最新の情報に更新	42
詐欺サイト	165
ジーメール	98
時刻表	76
辞書	84
シャットダウン	37
縮小	150
スクロールバー	42, 48
進むボタン	42, 47
スタート	24
スタートページ	43
スタートメニュー	25
ストリートビュー	67
スペースキー	20
設定など	42
ソーシャルネットワーキングサービス	116

た 行

タイムライン	128
ダウンロード	161, 162
タスクバー	24
タスクバーアイコン	24
タッチパッド	12, 15, 19
タブ	145, 152, 154
ダブルクリック	19
地図	64
通知領域	24

174

ディスプレイ	12, 13
デスクトップ	24
デスクトップパソコン	13
テレビ番組表	80
テンキー	20
天気予報	78
電源ボタン	12, 13, 22
添付ファイル	110
動画	88
投稿	134
閉じるボタン	42
トップサイト	148
友達申請	124
ドラッグ	18, 19

な 行

日本語入力モード	26
ニュース	62
入力モード	26
ネットショップ	164
ノートの追加	42
ノートパソコン	12
乗り換え案内	72

は 行

パスワード	23, 168
パスワードリセットディスク	168
パソコン本体	13
ハブ	42
半角英数入力モード	26
半角／全角キー	20
ファンクションキー	20
フェイスブック	116
プライバシー	138

ブラウザー	40, 42
フレーズ検索	61
ホイール	14, 49
ポインター	16
方向キー	20
ホーム	42

ま 行

マイクロソフトエッジ	40, 42
マウス	13, 14, 16
マウスポインター	16, 24
右クリック	17
未読メール	106
迷惑メール	167
メール	98
メールアドレス	98, 101
メッセージ	126
文字キー	20
戻るボタン	42, 46

や 行

矢印キー	20
ユーチューブ	88

ら 行

ラジオ	94
リンク	50
ローマ字入力	28

わ 行

ワードパッド	30
和英辞書	87

著者プロフィール

松下孝太郎（まつしたこうたろう）

神奈川県横浜市生まれ。横浜国立大学大学院 工学研究科 人工環境システム学専攻 博士後期課程 修了。博士（工学）。
現在、東京情報大学 総合情報学部 教授。画像処理、コンピューターグラフィックス、教育工学等の研究に従事。教育面では、子どもやシニアを対象とした情報教育にも注力しており、サイエンスライターとしても執筆活動および講演活動を行っている。

お問い合わせについて

本書に関するご質問については、本書に記載されている内容に関するもののみとさせていただきます。本書の内容と関係のないご質問につきましては、一切お答えできませんので、あらかじめご了承ください。また、電話でのご質問は受け付けておりませんので、必ずFAXか書面にて下記までお送りください。
なお、ご質問の際には、必ず以下の項目を明記していただきますようお願いいたします。

1　お名前
2　返信先の住所またはFAX番号
3　書名
　　（大きな字でわかりやすい　Windows 10
　　インターネット入門）
4　本書の該当ページ
5　ご使用のOSとソフトウェアのバージョン
6　ご質問内容

お送りいただいたご質問には、できる限り迅速にお答えできるよう努力いたしておりますが、場合によってはお答えするまでに時間がかかることがあります。また、回答の期日をご指定なさっても、ご希望にお応えできるとは限りません。あらかじめご了承くださいますよう、お願いいたします。
ご質問の際に記載いただいた個人情報はご質問の返答以外の目的には使用いたしません。また、返答後はすみやかに破棄させていただきます。

問い合わせ先

〒162-0846
東京都新宿区市谷左内町21-13
株式会社技術評論社　書籍編集部
「大きな字でわかりやすい
Windows 10　インターネット入門」
質問係
FAX番号　03-3513-6167

URL：https://book.gihyo.jp

大きな字でわかりやすい
Windows 10　インターネット入門

2018年9月8日　初版　第1刷発行

著　者●松下　孝太郎
発行者●片岡　巌
発行所●株式会社　技術評論社
　　　　東京都新宿区市谷左内町21-13
　　　　電話　03-3513-6150　販売促進部
　　　　　　　03-3513-6160　書籍編集部
カバーデザイン●山口　秀昭（Studio Flavor）
カバーイラスト・本文デザイン●イラスト工房（株式会社アット）
編集●鷹見　成一郎
DTP●マップス
製本／印刷●大日本印刷株式会社

定価はカバーに表示してあります。

落丁・乱丁がございましたら、弊社販売促進部までお送りください。交換いたします。
本書の一部または全部を著作権法の定める範囲を超え、無断で複写、複製、転載、テープ化、ファイルに落とすことを禁じます。
ⓒ2018　松下孝太郎

ISBN978-4-297-10012-4 C3055
Printed in Japan